ChatGPT
IG行銷最強魔法師

AI智慧繪圖撰文、視覺行銷
拍照秘技、Hasht
一次到位的精準銷售攻略

鳳 著

ZCT 策劃

暢銷回饋版

博碩文化

本書如有破損或裝訂錯誤，請寄回本公司更換

作　　者：鄭苑鳳 著、ZCT 策劃
責任編輯：魏聲圩

董 事 長：陳來勝
總 編 輯：陳錦輝

出　　版：博碩文化股份有限公司
地　　址：221 新北市汐止區新台五路一段 112 號 10 樓 A 棟
　　　　　電話 (02) 2696-2869　傳真 (02) 2696-2867

發　　行：博碩文化股份有限公司
郵撥帳號：17484299
戶　　名：博碩文化股份有限公司
博碩網站：http://www.drmaster.com.tw
讀者服務信箱：dr26962869@gmail.com
訂購服務專線：(02) 2696-2869 分機 238、519
（週一至週五 09:30 ～ 12:00；13:30 ～ 17:00）

版　　次：2024 年 2 月二版一刷

建議零售價：新台幣 560 元
I S B N：978-626-333-775-6
律師顧問：鳴權法律事務所 陳曉鳴 律師

國家圖書館出版品預行編目資料

ChatGPT IG 行銷最強魔法師：AI 智慧繪圖撰文、
視覺行銷、攬客吸睛、拍照秘技、Hashtag 心法等，
一次到位的精準銷售攻略 / 鄭苑鳳著 . -- 二版 . --
新北市：博碩文化股份有限公司 , 2024.02
　面；　公分

ISBN 978-626-333-775-6 (平裝)

1.CST: 網路行銷 2.CST: 網路社群
3.CST: 人工智慧

496　　　　　　　　　　　　　　　113001705
Printed in Taiwan

歡迎團體訂購，另有優惠，請洽服務專線
博碩粉絲團　(02) 2696-2869 分機 238、519

商標聲明

有限擔保責任聲明

著作權聲明

序

　Facebook 旗下的圖片式社群媒體 Instagram 無疑是現下最受年輕族群喜愛的社群平台，超過 8 億的用戶數顯示 Instagram 將是未來品牌經營的趨勢媒介。不同於 FB 以內容、文字為主，Instagram 主打圖像，除了作為社交使用之外，也成為重要的行銷工具。Instagram 是一款依靠行動裝置興起的免費社群軟體，和時下年輕人一樣，具有活潑、多變、有趣的特色。根據國外研究，Instagram 是所有社群中和追蹤者互動率最高的平台，與其他社群平台相比，IG 更常透過圖像 / 影音來說故事，讓用戶輕鬆使用相機作生活紀錄，加上濾鏡效果處理後變成美美的藝術相片，捕捉瞬間的訊息相片然後與朋友分享。

　本書將帶你從零開始初試 IG 的異想世界，了解 Instagram 對社群團體的重要性；逐步提供一看就懂的 Instagram 介面設定、拍照、PO 文操作、分享、回饋、Hashtag、限時動態、行動召喚、@ 建立交叉推廣、IGTV 行銷、IG 廣告、IG SEO…等功能技巧，徹底實踐不用花大錢，小品牌也能利用 IG 痛快行銷；並時刻在書中介紹新世代會燒眼按讚、零秒買單的行銷關鍵心法。本書適用企業主、企業行銷窗口、品牌產品經理、品牌數位行銷專員、社群行銷、ChatGPT 在行銷領域的應用、GPT-4、AI 寫文案、Dall-e 2(文字轉圖片)、剪映軟體、D-ID 等。底下為本書的主要篇幅名稱：

- 視覺化社群行銷的黃金入門課
- 打造集客瘋潮的 IG 行銷初體驗
- 零秒爆量成交的 PO 文速成心法
- 觸及率翻倍的 IG 拍照御用工作術
- 課堂上學不到的視覺行銷精準攻略
- 地表最強的 Hashtag 行銷宮心計
- 最霸氣的「限時動態」贏家私房秘笈
- 一次到位的 IG 逆天行銷術與實戰 SEO
- IG 行銷最強魔法師 -ChatGPT
- 老鳥鐵了心都要懂得最夯 Instagram 視覺化行銷相關專業術語

本書盡量力求內容完整無誤，若仍有疏漏之處，還望各位不吝指正！

CHAPTER *1* 視覺化社群行銷的黃金入門課

CHAPTER *2* 打造集客瘋潮的 IG 行銷初體驗

CHAPTER **3** 零秒爆量成交的 PO 文速成心法

CHAPTER **4** 觸及率翻倍的IG拍照御用工作術

CHAPTER **5** 課堂上學不到的視覺行銷奇襲攻略

CHAPTER **6** 地表最強的 Hashtag 行銷宮心計

CHAPTER **7** 最霸氣的「限時動態」贏家業績私房秘笈

APPENDIX老鳥鐵了心都要懂的最夯Instagram
視覺化行銷相關專業術語

視覺化社群行銷的黃金入門課

　　我們每天的生活受到行銷活動的影響既深且遠，行銷的英文是 Marketing，簡單來說，就是「開拓市場的行動與策略」。彼得・杜拉克（Peter Drucker）曾經提出：「行銷（marketing）的目的是要使銷售（sales）成為多餘，行銷活動是要造成顧客處於準備購買的狀態。」時至今日，現代人已經離不開網路，網路正是改變一切的重要推手，而與網路最形影不離的就是「社群」。社群的觀念可從早期的 BBS、論壇，一直到部落格、Instagram、Facebook、YouTube、Twitter（推特）、LINE 或者微博，主導了整個網路世界中人跟人的對話，網路傳遞與主導的控制權已快速移轉到用戶手上，更進化成擁有策略思考與行銷能力的利器，社群平台的盛行，讓全球電商們有了全新的行銷管道，不用花大錢，小品牌也能在市場上佔有一席之地。

⋒ 沒有吸睛的圖片，絕對進不了消費者的眼底

在這個講究視覺體驗的年代，人類有百分之八十的經驗與資訊來自於視覺，視覺化行銷是近十年來才開始成為店家推廣與導流的重要方式，隨著 5G 時代的到來，視覺化行銷策略越來越受到品牌們的重視，社群與視覺化行銷的無縫接軌，視覺內容開始走向主流王道，商家透過創造屬於品牌風格簡約且吸引人的影音與圖像，反而更能輕鬆地將訊息傳遞給廣大粉絲，更為數位行銷的領域造成了海嘯般的集客瘋潮效應。

Tips

5G（Fifth-Generation）指的是行動電話系統第五代，由於大眾對行動數據的需求年年倍增，因此就會需要第五代行動網路技術，5G 未來將可實現 10Gbps 以上的傳輸速率。這樣的傳輸速度下可以在短短 6 秒中，下載 15GB 完整長度的高畫質電影，簡單來說，在 5G 時代，數位化通訊能力大幅提升，並具有「高速度」「低延遲」「多連結」的三大特性。

|1-1| 認識社群與品牌

🎧 社群的網狀結構示意圖

「社群」最簡單的定義，可以看成是一種由節點（node）與邊（edge）所組成的圖形結構（graph），其中節點所代表的是人，至於邊所代表的是人與人之間的各種相互連結的多重關係，新成員的出現又會產生更多的新連結，節點間相連結邊的定義具有彈性，甚至於允許節點間具有多重關係，整個社群所帶來的價值就是每個連結創造出價值的總和，進而形成連接全世界的社群網路。

社群網路服務（SNS）是 Web 體系下的一個技術應用架構，基於哈佛大學心理學教授米爾格蘭（Stanley Milgram）所提出的「六度分隔理論」（Six Degrees of Separation）來運作。這個理論主要是說在人際網路中，平均而言只需在社群網路中走六步即可到達，簡單來說，這個世界事實上是緊密相連著的，只是人們察覺不出來，地球就像 6 人小世界，假如你想認識美國總統，只要找到對的人在 6 個人之間就能得到連結。

網路消費者的特性

網際網路的迅速發展，改變了大部分店家與顧客的互動方式，並且創造出不同的行銷與服務成果，傳統消費者的購物決策過程，通常是想到要買什麼，再跑到實體商店裡逛逛，一家家的比價和詢問，必須由店家將資訊傳達給消費者，並經過一連串心理上的購買決策活動，最後才真的付諸行動，稱為 AIDA 模式，主要是讓消費者滿足購買需求的過程，所謂 AIDA 模式說明如下：

- **注意（Attention）**：網站上的內容、設計與活動廣告是否能引起消費者注意。
- **興趣（Interest）**：產品訊息是不是能引起消費者興趣，包括產品所擁有的品牌、形象、信譽。
- **渴望（Desire）**：讓消費者看產生購買慾望，因為消費者的情緒會去影響其購買行為。
- **行動（Action）**：使消費者產立刻採取行動的作法與過程。

全球網際網路的商業活動，仍然持續高速成長，也促成消費者購買行為的大幅改變，根據各大國外機構的統計，網路消費者以 30-49 歲男性為多數，教育程度則以大學以上為主，充分顯示出高學歷、青壯族群與相關專業人才，多半是網路購物主要客群。相較於傳統消費者來說，網路消費者可以使用網路收集資料（Search），提升對商品了解的速度；另外，購買商品後也會主動在網路上分享（Share），給予商品體驗後的評價。這些購物經驗更

⋒ 搜尋與分享是網路消費者的最重要特性

會影響其往後的購買決策，因此網路消費者的模式就多了兩個 S，也就是 AIDASS 模式，代表搜尋（Search）產品資訊與分享（Share）產品資訊的意思。

現在網路購買行為已經完全不一樣了，例如各位平時有沒有一種體驗，當心中浮現出購買某種商品的慾望，通常會不自覺打開 Google、IG、臉書或 YouTube 等社群平台，搜尋網友對購買過這類商品的心得或相關價格，特別是年輕購物者都有行動裝置，很容易隨手找到最優惠的價格，所以搜尋（Search）是網路消費者一個很重要特性，也是引導用戶發現產品資訊的重要過程。

分享（Share）也是網路消費者的另一種特性之一，網路最大的特色就是打破了空間與時間的藩籬，與傳統媒體最大的不同在於「互動性」，由於大家都熱衷社群、互動，積極創造和分享內容，所以分享（Share）是行銷的終極武器，除了能迅速傳達到消費族群，也可以透過消費族群分享到更多的目標族群裡。

社群商務與粉絲經濟

比起一般傳統廣告，現代消費者更相信網友或粉絲的介紹，根據國外最新的統計，88% 的消費者會被社群其他用戶的意見或評論所影響，表示 C2C（消費者影響消費者）模式的力量愈來愈大，深深影響大多數重度網路者的購買決策，這就是社群口碑的力量，藉由這股勢力，也漸漸的發展出另一種商務形式「社群商務（Social Commerce）」。

Tips ————————————————————————————————

「消費者對消費者」（consumer to consumer, C2C）模式就是指透過網際網路交易與行銷的買賣雙方都是消費者，由客戶直接賣東西給客戶，網站則是抽取單筆手續費。每位消費者可以透過競價得到想要的商品，就像是一個常見的傳統跳蚤市場。

臉書創辦人馬克祖克伯：「如果我一定要猜的話，下一個爆發式成長的領域就是社群商務（Social Commerce）。」社群商務的定義就是社群與商務的組合名詞，透過社群平台來獲得更多顧客，由於社群中的人們彼此會分享資訊，相互交流間接產生了依賴與歸屬感，並利用社群平台的特性鞏固粉絲與消費者，不但能提供消費者在社群空間的分享與溝通，又能滿足消費者的購物慾望，更進一步能創造店家或品牌更大的商機。

至於粉絲經濟的定義，就是基於社群商務而形成的一種經濟思維，透過交流、推薦、分享、互動模式，不但是一種聚落型經濟，社群成員之間的互動是粉絲經濟運作的動力來源，就是泛指架構在粉絲（Fans）和被關注者關係之上的經營性創新交易行為。品牌和粉絲就像一對戀人一樣，在這個時代做好粉絲經營，首先要知道粉絲到社群是來分享心情，而不是來看廣告，現在的消費者早已厭倦老舊的強力推銷手法，唯有仔細傾聽彼此需求，關係才能走得長遠。

SoLoMo 模式

近年來公車上、人行道、辦公室，處處可見埋頭滑手機的低頭族，隨著愈來愈多社群平台提供了行動版的行動社群，透過手機使用社群的人口正在快速成長，形成行動社群網路（mobile social network），這是一個消費者習慣改變的重大結果，當然有許多店家與品牌在 SoLoMo（Social、Local、Mobile）模式中趁勢而起。所謂 SoLoMo 模式是由 KPCB 合夥人約翰・杜爾 John Doerr）2011 年提出的一個趨勢概念，強調「在地化的行動社群活動」，主要是因為行動裝置的普及和無線技術的發展，讓 Social（社交）、Local（在地）、Mobile（行動）三者合一能更為緊密結合，顧客會同時受到社群（Social）、本地商店資訊（Local）、以及行動裝置（Mobile）的影響，代表行動時代消費者會有以下三種現象：

🎧 行動社群行銷提供即時購物商品資訊

- 社群化（Social）：在行動社群網站上互相分享內容已經是家常便飯，很容易可以仰賴社群中其他人對於產品的分享、討論與推薦。
- 本地化（Local）：透過即時定位找到最新最熱門的消費場所與店家訊息，並向本地店家購買服務或產品。
- 行動化（Mobile）：民眾透過手機、平板電腦等裝置隨時隨地查詢產品或直接下單購買。

例如各位想找一家性價比較高的餐廳用餐，透過行動裝置上網與社群分享的連結，然後藉由適地性服務（LBS）找到附近的口碑不錯的用餐地點，都是 SoLoMo 很常見的生活應用。

Tips

「適地性服務」（Location Based Service, LBS）或稱為「定址服務」，是行動領域相當成功的環境感知應用，就是指透過行動隨身設備的各式感知裝置，例如當消費者在到達某個商業區時，可以利用手機等無線上網終端設備，快速查詢所在位置周邊的商店、場所以及活動等即時資訊。

品牌建立與社群行銷

品牌（Brand），是一種識別標誌，也是一種企業價值理念與品質體現的核心；甚至品牌已經成長為現代企業的寶貴資產，更是重新思維與定位自身的品牌策略。在社群媒體普及的商業世界中，品牌經營也愈來愈受重視，許多店家平日只是將社群平台當作推銷產品的傳聲筒，卻忽略了社群最重要的功能就是建立與行銷品牌。隨著目前社群的影響力愈大，社群行銷不是只把粉絲專頁當成佈告欄，還要運用各種不同的方式經營內容，讓粉絲們最後成為品牌的擁護者。

社群行銷的第一步驟就是要了解你的品牌與產品定位，並且分析出你的目標受眾（Target Audience, TA）。例如最近相當紅火的蝦皮購物平台在進行社群行銷的終極策略就是「品牌大於導購」，有別於一般購物社群把目標放在導流購物上，反而他們堅信將品牌建立在顧客的生活中，建立在大眾心目中的好印象才是現在的最重要目標。

🎧 蝦皮購物為東南亞及台灣最大的行動購物社群平台

話說社群行銷（Social Media Marketing）真的有那麼大威力嗎？根據最新的統計報告，有 2/3 美國消費者購買新產品時會先參考社群上的評論，且有 1/2 以上受訪者會因為社群的推薦而嘗試陌生品牌。大陸紅極一時的小米機運用社群經營與粉絲專頁，發揮了口碑行銷的最大效能，使得小米品牌的影響力能夠迅速在市場上蔓延，也能讓小米機在上市前就得到充分曝光的效益。

↑ 小米機成功運用社群贏取大量粉絲

|1-2| 社群行銷的特性

正所謂「顧客在哪、行銷點就在哪」，對於行銷人員來說，數位行銷的工具相當多，然而很難一一投入且所費成本也不少，而社群媒體則是目前大家最廣泛使用的工具。尤其是剛成立的品牌或小店家，沒有專職的行銷人員可以處理行銷推廣的工作，所以使用社群來行銷品牌與產品，絕對是店家與行銷人員不可忽視的熱門趨勢。

所謂「戲法人人會變，巧妙各有不同」，社群行銷不只是一種網路行銷工具的應用，如果大量結合視覺化內容，還能促進真實世界的銷售與客戶經營，並達到提升黏著度、強化品牌知名度與創造品牌價值，首先我們必須了解社群行銷的四大特性。

分享性　多元性
社群行銷的特性
黏著性　傳染性

↑ Gap 經常在 Instagram 發佈時尚短片，引起廣大熱烈迴響

分享性

　　分享在社群行銷的層面上，有些是天條，絕對不能違背，無論粉絲專頁或社團經營，最重要的都是社群訊號（Social Signal）。例如「分享」絕對是經營品牌的必要成本，還要能與消費者引發「品牌對話」的效果。社群並不是一個可以直接販賣的場所，有些店家覺得設了一個 Instagram 粉絲專頁，以為三不五時想到就到 IG 貼貼文、放放圖片，就可以打開知名度，讓品牌能見度大增，這種想法還真是大錯特錯！事實上，就算許多人已經成為你的粉絲，不代表他們就一定願意被你推銷。

> **Tips**
>
> 社群訊號（Social Signal），也稱為社交訊號，就是用戶與社群媒體的互動行為，包括影片觀看次數、留言數、瀏覽量、點擊率、分享次數、訂閱等，因為任何能引起受眾的反應都是好事。

　　分享是社群行銷的終極武器，社群行銷的一個死穴，就是要不斷創造分享與討論，因為所有社群行銷只有透過「借力使力」的分享途徑，才能增加品牌的曝光度。例如在社群中分享真實小故事，或者關於店家產品的操作技巧、密技、好康議題等類型的貼文，絕對會比廠商付費狂轟猛炸的業配文更讓人吸睛。如果配合視覺化內容分享，更需要注重品質，包括圖片 / 影片的美觀性、清晰性、創意性、娛樂性和新聞性，更重要是緊密配合你的行銷主軸，千萬不要圖不對題，就像放上一張美輪美奐的田園風景圖片，就絕對吸引不了需要最新潮牌服飾的美少女們。

🎧 陳韻如靠著分享瘦身經驗坐擁大量粉絲

> **Tips**
>
> 所謂「業配」（advertorial）是「業務配合」的簡稱，業配金額從數萬到上百萬都有，也就是商家付錢請電視台的業務部或是網路紅人對該店家進行採訪，透過電視台的新聞播放或網路紅人的推薦商品畢竟網紅的經濟命脈，最終仍建立於觀眾是否對他的影片買單。

社群上相當知名的 iFit 愛瘦身粉絲團，成功建立起全台最大瘦身社群，更直接開放網站團購，後續並與廠商共同開發瘦身商品。創辦人陳韻如小姐主要是經常分享自己的瘦身經驗，除了將瘦身專業知識以淺顯短文表現，強調圖文整合，穿插討喜的自製插畫，搭上現代人最重視的運動減重的風潮，讓粉絲感受到粉絲團的用心經營，難怪粉絲團會大受歡迎。

多元性

「平台多不見得好，選對粉絲才重要！」社群的魅力在於它能自行滾動，由於青菜蘿蔔各有喜好不同，市面上那麼多不同的社群平台，第一步要避免所有平台都想分一杯羹的迷思，最好先選出一個打算全力經營的社群平台，稍有知名度之後，才開始經營其他平台，並發展出適應每個平台不同粉絲的內容。操作社群最重要的是觀察，由於用戶組成十分多元，觸及受眾也不盡相同，選擇時的評估重點在於目標客群、觸及率跟使用偏好，應該根據社群媒體不同的特性，訂定社群行銷策略，例如千萬不要將 FB 內容原封不動分享到 IG。

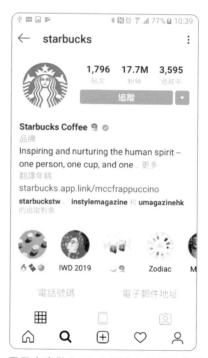

🎧 星巴克喜歡在 IG 上推出有故事的行銷方案

在社群中每個人都可以發聲，平台用戶樣貌也各自不同，因應平台特性不同，先釐清自家商品定位與客群後，再依客群的年齡、興趣與喜好擬定行銷策略。例如 WeChat（微信）及 LINE 在亞洲世界非常熱門，而且各自有特色，Twitter 由雖然有限制發文字數，不過具備有效、即時、講重點的特性，在歐美各國十分流行。如果是針對零散的個人消費者，推薦使用 Instagram 或 Facebook 都很適合。

黏著性

　　「熟悉衍生喜歡與信任」是廣受採用的心理學原理，特別是在深度經營客群與開啟彼此間的對話中顯得非常重要。社群行銷成功的關鍵字不在「社群」，而在於「互動」！店家光是會找話題，還不足以引起粉絲的注意，根據統計，社群上只有百分之一的貼文，會被轉載超過七次。贏取粉絲信任是一個長遠的過程，觸及率往往不是店家所能控制，黏著度才是重點。了解顧客需求並實踐顧客至上的服務，才會增加網站或產品的知名度，如此一來才能增加商品的曝光機會，並產生消費忠誠和提高績效的積極影響。

　　視覺化的時代來臨，消費者喜歡追求具有視覺效果的內容，因為比起完美，人們更希望看到美麗的真實內容。蘭芝（LANEIGE）最懂得「視覺化」才是銷售王道，主打具有韓系特點的保濕商品，品牌經營的策略目標是培養與粉絲的長期關係，為品牌引進更多新顧客，

蘭芝經常在社群上與粉絲互動來培養小資女黏著度

養成和客戶在社群上緊密聯繫的好習慣，務求每天都必須跟粉絲進行貼心的互動，這也是增加社群歸屬感與黏著性的好方法，包括定時有專人到粉絲頁去維護留言，強化品牌知名度與創造品牌溫度。

傳染性

　　社群行銷本身就是一種內容行銷（Content Marketing），著眼於利用人們的碎片化時間，過程是不斷創造口碑價值的活動，根據國外統計，約莫有 50% 的消費者，會聽信陌生部落客的推薦而下購買決策。由於網路大幅加快了訊息傳遞的速度，社群網路具有獨特的傳染性功能，也拉大了傳遞的範圍，那是一種累進式的行

銷過程，能產生「投入」的共感交流，講究的是互動與對話，真正能夠為粉絲創造「價值」與贏得「信任」的行銷過程。

Tips

一篇好的貼文內容就像説一個好故事。一個觸動人心的故事，反而更具行銷感染力；幫你的產品或品牌説一個好故事，其中特別是以影片內容最為有效可以吸引人點閱。內容行銷（Content Marketing）必須更加關注顧客的需求，因為創造的內容還是為了某種行銷目的，銷售意圖絕對要小心藏好。當然也不能只是每天生產一堆內容，另外還必須長期經營與追蹤與顧客的互動。

社群行銷能夠透過網路無遠弗屆以及社群的口碑效應，最好加上視覺化效果結合鼓舞人心的文字，讓粉絲能夠融入此情境並有感而發，口耳相傳之間被病毒式轉貼內容，透過現有粉絲吸引新粉絲，利用口碑、邀請、推薦和分享的方式，在短時間內提高曝光率，藉此營造「氣氛」（Atmosphere），引發社群的熱烈迴響與互動。

例如 2014 年由美國漸凍人協會發起的冰桶挑戰賽，就是一個善用社群媒體來進行口碑式的行銷活動。這次的公益活動的發起是為了喚醒大眾對於肌萎縮性脊髓側索硬化症（ALS），俗稱漸凍人的重視，挑戰方式很簡單，志願者可以選擇在自己頭上倒一桶冰水，或是捐出 100 美元給漸凍人協會。除了被冰水淋濕的畫面，正足以滿足人們的感官樂趣，加上活動本身簡單、有趣，更獲得不少名人加持，讓社群討論、分享、甚至參與這個活動變成一股深具傳染力的新興潮流，不僅表現個人對公益活動的關心，也和朋友多了許多聊天話題。

⋒ ALS 冰桶挑戰賽在全球社群上引起熱烈討論

Tips

「使用者創作內容」（User Generated Content, UGC）行銷是代表由使用者來創作內容的一種行銷方式，這種聚集網友來創作內容，也算是近年來蔚為風潮的數位行銷手法的一種，可以看成是一種由品牌設立短期的行銷活動，觸發網友積極地去參與影像、文字或各種創作的熱情，這種由品牌設立短期的行銷活動，使廣告不再只是廣告，不僅能替品牌加分，也讓網友擁有表現自我的舞台，讓每個參與的消費者更靠近品牌。

|1-3| 買氣紅不讓的 IG 行銷心法

Instagram 是目前最強大社群行銷工具之一，全球擁有超過 10 億的用戶數，是眾多社交平台中和粉絲互動率最高的平台，全球每天使用 Instagram 高達 5 億活躍用戶，在台灣每月活躍用戶更達到 740 萬人，將近佔了台灣三分之一的人口，絕對有助於為品牌和店家帶來更好的市場推動力。現在無論是店家或品牌都渴望尋找一個能接觸年輕族群的管道，而聚集了許多年輕族群的 IG 當然成了各家首選。

🎧 可口可樂在 IG 視覺化品牌行銷上的經營非常用心

一擊奏效的品牌定位原則

企業所面臨的市場就是一個不斷變化的競爭環境，而消費者也變得越來越精明，我們要了解並非所有消費者都是你的目標客戶，企業必須從目標市場需求和市場行銷特點出發，再配合社群行銷規劃出自我競爭優勢與精準找到目標客戶。例如蔡依林 Jolin、周杰倫、林俊傑、羅志祥、安室奈美惠、蔡阿嘎

等明星網紅的粉絲大都以年輕族群為主，這些明星 / 網紅經常在 IG 上分享貼文，讓追蹤他們的粉絲得知最新的消息。

🎧 明星 / 網紅經常會在 IG 上分享他們的最新消息和動態

　　不管是個人、企業、品牌店家，都必須先確認自家的品牌定位，有了明確的定位和受眾對象，就可以朝著目標前進。如右下圖所示的個人部落格，除了用戶名稱就命名為「kaohsiungfood」外，貼文和相片大都是介紹高雄美食，而且貼文中詳盡介紹每項餐點的價格、特色、商家地址、電話、營業時間等資訊，對於高雄人來說，想要嚐鮮、品嚐美食，直接追蹤她就可以了！

企業品牌或個人，都可在 IG 上進行行銷宣傳

　　根據調查，大部分年輕用戶喜歡選擇更具個人空間的社群平台，因此許多企業特別選擇 IG 作為社群行銷平台，例如東京著衣創下了網路世界的傳奇，以平均每二十秒就能賣出一件衣服，獲得網拍服飾業中排名第一，就是因為打出了成功的品牌定位策略。東京著衣的市場區隔策略主要是以台灣與大陸的年輕女性所追求大眾化時尚流行的平價衣物為主，行銷的初心在於不是所有消費者都有能力去追逐名牌，反而許多年輕族群希望能夠低廉的價格買到物超所值的服飾，並搭配以不同單品搭配出風格多變的精美造型圖片，讓大家用平價實惠的價格買到喜歡的商品，更進一步採用「大量行銷」來滿足大多數女性顧客的需求。

🎧 東京著衣經常透過 IG、影音直播與粉絲交流

擁抱視覺風格與時尚魅力

「視覺化」是目前用來吸引社群用戶讀取資訊的主流型態，因為視覺化風格能帶來場景新體驗，並且幫助驅動消費心理，在資訊的理解上也有很大的幫助，比起閱讀廣告文字，大家更喜歡看視覺化的訊息。店家或品牌不妨試著朝著粉絲的喜好深入研究，包括他們的年齡、工作、收入水準、興趣、習慣、動機等，或是針對目標對象的特點來選定風格走向，因為用視覺化訊息打造品牌需要不間斷的傳遞一致的訊息，只有取得正確且有參考價值的訊息，才能迎合目標客戶的喜好。

　GAP 專賣美式休閒風服飾與配件　　　　 CHANEL 走國際精品路線

專賣美式休閒風的男女服飾與配件的 GAP，它的視覺走向就洋溢著青春氣息與簡潔風格。至於 CHANEL 是走國際精品路線，主要追求的是品質和美感，主要客戶都是來自於上流社會，所以消費的族群完全不同，讓人能夠產生看到圖片風格就聯想到品牌精神，增加品牌辨識度。除了視覺方格之外，在這競爭激烈的市場上，誰能最快解讀時下的熱門話題，誰就有機會成為讓市場吸睛的贏家，能預先洞察時尚潮流與流行話題的企業，確實能比其他人搶先跨出步伐，獲得成功先機。

腦筋動得快的商家，搶搭黃色小鴨的順風車

🔊 店家與黃色小鴨搭配出各種有趣而創意的商品

　　品牌要在社群媒體上與眾不同，就必須提供粉絲具有價值的資訊，積極與時尚潮流結合，而非一味地自我推銷。誰能掌握市場脈動，誰就找到了賺錢的捷徑，視覺風格也能更貼近名人生活，例如追蹤明星、時尚品牌、雜誌，就能隨時接收到最新時尚潮流與流行話題。只要成功引爆話題，上傳的影音圖片就會如同病毒般的擴散，並且一傳十，十傳百遍佈至各個角落。

多追蹤名人、時尚雜誌的資訊，就有可能掌握先機

打造粉絲完美互動體驗

多數店家透過社群方法做行銷，最主要目標當然是增加品牌的知名度，因為當你增加產品的曝光機率，用戶對產品的感覺與滿意就會水漲船高。粉絲到社群是來分享心情而不是來看廣告，現在的消費者早已厭倦了老舊的強力推銷手法，其實就如同交朋友一樣，從共同話題開始會是萬無一失的方法！

桂格燕麥與粉絲的互動就相當成功

很多店家開始時都將目標放在大量的追蹤者，不過缺乏互動的追蹤者，對品牌而言幾乎是沒有益處。如同日常生活中的朋友圈，社群上的用語要人性化，才顯得真誠有溫度，用心回覆訪客貼文是提升商品信賴感的方式，所以只要想像自己有疑問時，希望得到什麼樣的回答，就要用同樣的態度回覆留言，讓粉絲有滿滿儀式感的體驗。粉絲絕對不是為了買東西而使用 IG，也不是為了撿便宜而對某一主題按讚，就像是與好朋友面對面講話一般，這樣的作法會讓讀者感到被尊重，進而提升對品牌的好感，如此就有了購買的機會和衝動，如果不能積極回覆粉絲的留言，粉絲也會慢慢離開你。

瞬間引爆的 IG 社群連結術

　　行動世代成為今天的主流，社群媒體仍是全球熱門入口 APP，我們知道社群平台可以說是依靠行動裝置而壯大，Facebook、Instagram、LINE、Twitter、SnapChat、YouTube 等各大社群媒體，早已經離不開大家的生活，社群的魅力在於它能自己滾動，由於青菜蘿蔔各有喜好不同，例如 Facebook 是以社群功能著稱，可以撰寫長篇貼文、上傳影片、評論、針對不同訊息做出不同的回饋，廣泛地連結到每個人生活圈的朋友跟家人，堪稱每個人都會路過的國民平台，而且還是台灣最大直播戰場。

　　至於 Instagram 的受眾則跟 Facebook 有年齡與內容上的差距與喜好，基本區分方式是以年齡區分：30 歲以上多半為 FB 族群；以下則多為 IG 族群。通常用戶都擁有不同社群網站的帳戶，對於不同受眾來說，需要以不同社群平台進行推廣，透過社群平台間的互相連結，就能讓粉絲討論熱度和延續更長的時間，理所當然成為推廣品牌最具影響力的管道之一。

🎧 Instagram 很適合放主題以年輕人為主的影片

　　社群行銷的特性一切都因為「連結」而提升，了解顧客需求並實踐顧客至上的服務，建議小編們可以嘗試在不同社群網站都加入會員，每次新文章或影片新上架時，總要到各大平台去宣傳，讓粉絲常常會停下來看到你的訊息，透過貼文的按讚和評論，來增加每個連結的價值，因為唯有連結，才能真正鏈結，一旦鏈結建立成功，讓潛在用戶產生實際的轉換，成為真正帶來訂單的消費者，並將更多流量導向，最後採取購買的行動，以發揮最大成效。例如衣著服飾配件這些年輕族群喜愛的商品可以被實境展示，然後直接分享到 Facebook、Twitter、YouTube 等社群網站。

打造集客瘋潮的
IG 行銷初體驗

Instagram 是一款依靠行動裝置興起的免費社群軟體，和時下年輕人一樣，具有活潑、多變、有趣的特色，尤其是 15-30 歲的受眾用戶，許多年輕人幾乎每天一睜開眼就先上 Instagram，關注朋友們的最新動態。根據國外研究，Instagram 是所有社群中和追蹤者互動率最高的平台，與其他社群平台相比，IG 更常透過圖像/影音來說故事，讓用戶輕鬆使用相機作生活紀錄，加上濾鏡效果處理後變成美美的藝術相片，捕捉瞬間的訊息相片然後與朋友分享。

◑ Espirit 透過 IG 發佈時尚短片，引起廣大迴響

|2-1| 初探 IG 的奇幻之旅

我們可以這樣形容：Facebook 是最能細分目標受眾的社群網站，主要用於與朋友和家人保持聯絡；而 Instagram 則是最能提供用戶發現精彩照片和瞬間驚喜，並因此深受感動及啟發的平台。對於現代行銷人員而言，需要關心 Instagram 的原因是能近距離接觸到潛在受眾，根據天下雜誌調查，Instagram 在台灣 24 歲以下的年輕用戶占 46.1%。

如果各位懂得利用 IG 龐大社群網路，當然是要以手機為主要媒介，這樣進行美拍、瀏覽、互動或行銷就很方便。Instagram 主要在 iOS 與 Android 兩大作業系統上使用，也可以在電腦上做登錄，用以查看或編輯個人相簿。官網：https://www.instagram.com/

◑ 星巴克經常在 Instagram 上推出促銷活動

如果你還未使用過 Instagram，那麼這裡告訴大家如何從手機下載 Instagram App，同時學會 Instagram 帳戶的申請和登入。

∩ Samsung 使用 Instagram 行銷帶動 LG 新手機上市熱潮

從手機安裝 Instagram App

　　假如各位是 iPhone 使用者，請至 App Store 搜尋「Instagram」關鍵字，若是使用 Android 手機，請於「Play 商店」搜尋「Instagram」，找到該程式後按下「安裝」鈕即可進行安裝。安裝完成桌面上就會看到  圖示鈕，點選該圖示鈕就可進行註冊或登入的動作。

按此鈕安裝
Instagram App

安裝完成，手機桌面顯示 IG 圖示

登入 IG 帳號

第一次使用 Instagram 社群的人可以使用臉書帳號來申請，或是使用手機、電子郵件進行註冊。由於 Instagram 已被 Facebook 公司收購，如果你是臉書用戶時，只要在臉書已登入的狀態下申請 Instagram 帳戶，就可以快速以臉書帳戶登入。如果沒有臉書帳號，就請以手機電話號碼或電子郵件來進行註冊。選擇以電話號碼申請時，手機號碼會自動顯示在畫面上，按「下一步」鈕 Instagram 會發簡訊給你，收到認證碼後將認證碼輸入即可。如果是以電子郵件進行申請，則請輸入全名和密碼來進行註冊。

也可以選用手機電話號碼或電子郵件進行註冊

Instagram 可以直接使用臉書帳號進行申請和登入

Instagram 比較特別的地方是除了真實姓名外還有一個「用戶名稱」，當你分享相片或是到處按讚時，就會以「用戶名稱」顯示，用戶名稱也能隨時可做更改，因為 IG 帳號是跟你註冊的信箱綁在一起，所以申請註冊時會收到一封確認信函要你確認電子郵件地址。

　　註冊的過程中，Instagram 會貼心地讓申請者進行「Facebook」的朋友或手機「聯絡人」的追蹤設定，如左下圖所示，要追蹤「Facebook」的朋友請在朋友大頭貼後方按下藍色的「追蹤」鈕使之變成白色的「追蹤中」鈕，這樣就表示完成追蹤設定，同樣的邀請 Facebook 朋友也只需按下藍色的「邀請」鈕，或是按「下一步」鈕先行略過，之後再從「設定」功能中進行用戶追蹤即可。

按下藍色按鈕就可以對臉書朋友進行「追蹤」或「邀請」

　　完成上述步驟後，各位就已經成功加入 Instagram 社群，無論選擇哪種註冊方式，各位已經朝向 Instagram 行銷的道路邁進。下回只要在手機桌面上按下 回 鈕就可直接進入 Instagram，不需要再輸入帳號或密碼。

|2-2| 點石成金的個人檔案

經營個人的 IG 帳戶時，就可以分享個人日常生活中的大小事情，偶而也可以當作宣傳商品的平台。各位想要一開始就讓粉絲與好友印象深刻，那麼完美的個人檔案就是首要亮點，個人檔案就像你工作時的名片，鋪陳與設計的優劣，可說是一個非常重要的關鍵，因為這是粉絲認識你的第一步：

個人簡介的內容隨時可以變更修改，也能與你的其他網站商城社群平台做串接。

各位要進行個人檔案的編輯，可在「個人」 頁面上方點選「編輯個人檔案」，即可進入如下畫面，其中的「網站」欄位可輸入網址資料，如果你有網路商店，那麼此欄務必填寫，因為它可以幫你把追蹤者帶到店裡進行購物。下方還有「個人簡介」，也盡量將主要銷售的商品或特點寫入，或是將其他可連結的社群或聯絡資訊加入，方便他人可以聯繫到你：

商家務必重視個人檔案的編寫，不管是用戶名稱、網站、個人簡介，都要從一開始就留給顧客一個好的印象

其他用戶所看到的資訊呈現效果

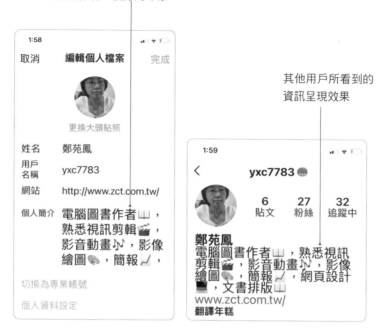

千萬不要將「個人簡介」欄位留下空白，完整資訊將給粉絲留下好的第一印象，如果能清楚提供訊息，頁面品味將看起來更專業與權威，記得隨時檢閱個人簡介，試著用 30 字以內的文字敘述自己的品牌或產品內容，讓其他用戶可以看到你的最新資訊。

集客亮點的大頭貼

當各位有機會被其他 IG 用戶搜尋到，那麼第一眼被吸引的絕對會是個人頁面上的大頭貼照，圓形的大頭貼照可以是個人相片，或是足以代表品牌特色的圖像，以便從一開始就緊抓粉絲的眼球動線。大頭貼是最適合品牌宣傳的吸睛爆點，尤其在限時動態功能更是如此，也可以考慮以店家標誌（LOGO）來呈現，運用創意且亮眼的配色，讓你的品牌能夠一眼被認出，讓粉絲對你的印象立刻產生連結。

使用企業 LOGO 的大
頭貼

使用個人相片的大頭貼

　　各位想要更換相片時，請在「編輯個人檔案」的頁面中按下圓形的大頭貼照，
就會看到如下的選單，選擇「從 Facebook 匯入」或「從 Twitter 匯入」指令，只
要在已授權的情況下，就會直接將該社群的大頭貼匯入更新。若是要使用新的大頭
貼照，就選擇「新的大頭貼照」來進行拍照或選取相片，加上運用創意且吸睛的配
色，讓你的品牌被一眼認出，這也是讓整體視覺可以提升的絕佳方式。

在預設的狀態下，Instagram 會自動將你的帳號設為公開，所以商家可以透過 Instagram 推廣自家商品，像是在貼文中加入「＃標籤」設定，能讓更多人藉由搜尋方式看到你的貼文。如果你只希望親朋好友看到你的貼文，那麼也可以將帳號設為不公開，如此只有你核准的人才可以看到你的相片和影片，但是粉絲並不會受影響。

> **此帳號不公開**
> 追蹤這個帳號即可查看對方的相片和影片。

設定為「不公開帳號」，那麼該用戶的下方就會顯示如圖的標示，除非追蹤該帳戶才可看到他的貼文

請切換到個人頁面 👤，按下右上角的「選項」☰，接著點選「設定」，在「設定」頁面中點選「隱私設定和帳號安全」，再點選「帳號隱私設定」的選項，才會看到「不公開帳號」呈現灰色。

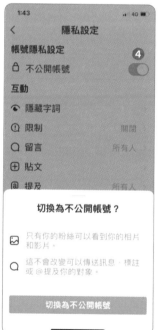

當各位按下灰色按鈕使之變藍色，就會將帳號設為「不公開」。

IG 的贏家命名思維

IG 所使用的帳戶名稱，命名時最好要能夠讓其他人用直覺就能夠搜尋，名稱與簡介也最好能夠讓人一眼就看出來。所以當你使用 Instagram 的目的在行銷自家的商品，那麼建議帳號名稱取一個與商品相關的好名字，並添加「商店」或「Shop」的關鍵字，這樣被搜尋時就容易被其他用戶搜尋到。

如左下圖所示的個人部落格，該用戶是以分享「高雄」美食為主，所以用戶名稱直接以「Kaohsiungfood」作為命名，自然而然的該用戶就增加被搜尋到機會。或是如右下圖所示，搜尋關鍵字「shop」，也很容易地就看到到該用戶的資料了。

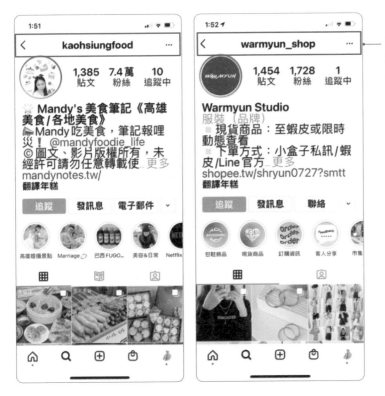

取一個與你行銷有關連的好名字吧！

千萬別以為你設定的用戶名稱無關緊要，用心選擇一個貼切於商品類別的好名稱，簡直就是成功一半，琅琅上口讓人好記且容易搜尋為原則，以後可以用在宣傳與行銷上，幫助店家來推廣商品。

新增商業帳號

在 Instagram 的帳號通常是屬於個人帳號，如果你想利用帳號來做商品的行銷宣傳，那麼也可以考慮選擇商業帳號，過去很多自媒體經營者仍舊使用「一般帳號」在經營 IG，強烈建議轉換成「商業帳號」，而且申請商業帳號是完全免費，不但可以在 IG 上投放廣告，還能提供詳細的數據報告，容易讓顧客更深入瞭解您的產品、服務或商家資訊。

如果你使用的是商業帳號，自然是以經營專屬的品牌為主，主打商品的特色與優點，目的在宣傳商品，所以一般用戶不會特別按讚，追蹤者相對也會比較少些。你也可以將個人帳號與商業帳號兩個帳號並用，因為 Instagram 允許一個人能同時擁有 5 個帳號。早期使用不同帳號時必須先登出後才能以另一個帳號登入，現在則可以直接由左上角處進行帳號的切換，相當方便。

如果想要同時在手機上經營兩個以上的 IG 帳號，那麼可以在「個人」頁面中新增帳號。請在「設定」頁面下方選擇「新增帳號」指令即可進行新增。新帳號若是還沒註冊，請先註冊新的帳號喔！如圖示：

擁有兩個以上的帳號後，若要切換到其他帳號時，可以從「設定」頁面下方選擇「登出」指令，接著顯示右下圖時，選擇想要登出的帳號後，再按「登出」即可。

　　此外，當手機已同時登入兩個以上的帳號後，你就可以在右下方長按 鈕，出現帳號清單時，直接點選要進入的帳號名稱！

|2-3| 人氣爆表的攬客密技

Instagram 不只是能分享照片的社群平台，也是所有社群中和追蹤者互動率最高的平台。經營 IG 需要花費時間做功課，要成功吸引到有消費力的客群加入，需要不少心力，不能抱著只把短期利益擺前頭，也不能有「別人都這樣做，所以我也要做」的盲從心理。不論是照片影片都必須確保具有一定水準，因為能讓貼文嶄露頭角的最重要指標就是高品質的內容。

其實不管經營任何一個社群平台，一定還是會多少在意粉絲數的增加，就跟我們開店一樣，要培養自己的客群，特別是剛開設帳號，商家們都期待可以觸及到更多的人，一定會先邀請自己的好友幫你按讚。這樣就有機會互相追蹤，請他們為你上傳的影音 / 相片按讚（愛心）增強人氣。

推薦追蹤名單

曝光率就是行銷的關鍵，且和追蹤人數息息相關，例如女性用戶大部分追求時尚和潮流，而男性則是喜歡嘗試了解新事物。各位可別輕忽 IG 向各位推薦的熱門追蹤名單，因為這裡的「建議」清單包含了熱門的用戶、已追蹤朋友所追蹤的對象、還有 IG 為你推薦的對象。

每次 IG 推薦的清單都不一樣，追蹤公眾人物可知道現今熱門的趨勢

有些帳戶在按下「追蹤」後，必須要對方同意才會開始進行追蹤

「首頁」通常是顯示已追蹤者所發佈的相片 / 影片的頁面，已追蹤的朋友如果要取消追蹤，可從朋友貼文的右上角按下「選項」…，當出現如右下圖的功能表時選擇「取消追蹤」指令即可。

此外，按下  鈕切換到「個人」頁面，右上方按下「追蹤中」就會進入「追蹤名單」的頁面，直接在欲取消追蹤者的後方按下「追蹤中」，就能在開啟的視窗中選擇「取消追蹤」指令，悄悄的移除追蹤者。

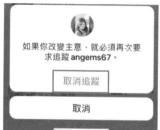

廣邀朋友加入

由「設定」頁面按下「追蹤和邀請朋友」鈕，除了透過簡訊及電子郵件邀請朋友外，也可以按下「透過以下方式邀請朋友」下方會列出各項應用程式，諸如Messenger、電子郵件、LINE、Facebook、WeChat 等，直接由列出清單中點選想要使用的程式圖鈕即可。

可看到更多的應用程式

以 Facebook/Messenger/LINE 邀請朋友

由各社群邀請朋友加入是件相當簡單的事，如下所示，Facebook 只要留個言，設定朋友範圍，即可「分享」出去。Messenger 只要按下「發送」鈕就直接傳送，或是 LINE 直接勾選人名，按下「確定」鈕，系統就會進行傳送。

⚫ Facebook 畫面　Messenger 畫面　LINE 畫面

| 2-4 | 一看就懂的 IG 介面操作功能

要使用 Instagram 來進行行銷活動，當然要先熟悉它的操作介面，了解各種功能的所在位置，這樣用起來才能得心應手。Instagram 主要分為五大頁面，由手機螢幕下方的五個按鈕進行切換。

- **首頁**：瀏覽追蹤朋友所發表的貼文。

- **搜尋**：輸入姓名、帳號、主題標籤、地標等，對有興趣的主題進行搜尋。

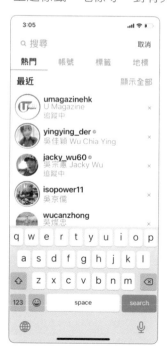

- **新增**：可以新增貼文、限時動態或直播。

- **商店**：點進「商店」分頁後用戶就能查看個人化推薦的商店與商品，可能是根據你按讚或追蹤的內容來推薦。

- **個人**：由此觀看你所上傳的所有相片／貼文內容、摯友可看到的貼文、有你在內的相片／影片、編輯個人檔案，如果你是第一次使用 Instagram，它也會貼心地引導你進行。

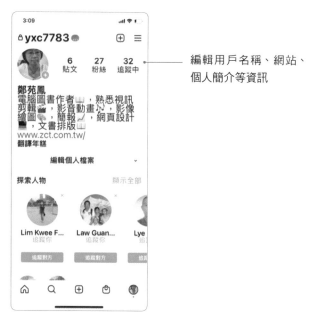

編輯用戶名稱、網站、個人簡介等資訊

2-5 掌握 IG 搜尋的小心思

Instagram 是以圖像傳達資訊的有力工具，除了追蹤親友了解他們的近況外，若妥善運用搜尋功能，更能在全球的用戶的世界中進行探索。想要探索世界上千奇百怪的潮流只要在「搜尋」頁面中進行搜尋，就會有許多的新發現，從這裡面你可以獲得許多的情報，激發你更多的靈感和創意，甚至可以和你經營的商店與品牌做連結。

搜尋相片與影片

好奇心是人的天性，透過一張勝過千言萬語的美美照片也可以好好經營企業品牌來與消費者對話。當各位搜尋任何主題或關鍵字後，頁面中央會以格子狀的縮圖顯現所有貼文，或是該帳戶使用者已上傳分享的相片／影片。眼尖的讀者們可能發現，在格子狀的縮圖右上角通常會有不同的小圖示，它們分別代表著相片、多張相片。

沒有標記的就是單張相片

正在播放的影片

表示包含多張相片／影片
搜尋頁面

對於貼文中包含多張的相片／影片，在點進去後只要利用手指尖左右滑動，就可以進行相片的切換。

以手指左右滑動，就可切換到前／後的相片或影片

搜尋關鍵字

IG 用戶可以在最上方的搜尋欄上輸入想要搜尋的關鍵文字，就能在顯示的清單中快速找到相關帳戶。如左下所示，筆者輸入「台北市」的關鍵文字，即可看到明星「劉德華」的相關貼文、帳號、標籤與地標。

關鍵文字搜尋

|2-6| 桌機上玩 IG

Instagram 社群雖然是行動版 App，直接透過智慧型手機來搜尋、瀏覽、編輯、發佈相片或影片也相當便利；但就社群行銷來說，很多影音資料大都是存放在電腦上，對於一些習慣使用電腦操作和整理檔案資料的用戶來說，確實覺得不太習慣。不過，要在桌上型電腦上使用 IG 社群也不成問題喔！這裡告訴各位如何在電腦版上使用 IG 和發佈貼文，這樣就不用每次都得先將資料上傳至手機，再進行 IG 的貼文發佈，讓桌面版的瀏覽器瞬間變成行動版的 Instagram。

瀏覽 / 搜尋 / 編輯

　　請各位從桌面上的瀏覽器輸入 IG 網址「https://www.instagram.com」，接著再輸入用戶名稱與密碼，按下「登入」鈕進行帳號登入。

1 開啟桌面上的瀏覽器，並輸入IG網址「https://www.instagram.com」，使進入Instagram 網站

2 輸入用戶名稱與密碼，按下「登入」鈕登入帳號

　　進入 IG 社群後，你可以在「搜尋」欄中搜尋主題標籤並檢視所有相關的貼文，也可以對其他用戶的貼文進行留言或是按讚。

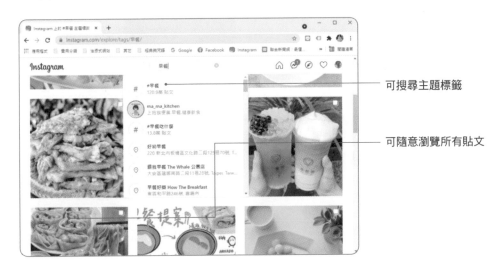

可搜尋主題標籤

可隨意瀏覽所有貼文

可對貼文按讚或留言

如果想要「分享」貼文或「複製連結」，只要在貼文右上角按下•••鈕，就會有彈出的視窗讓你選擇。

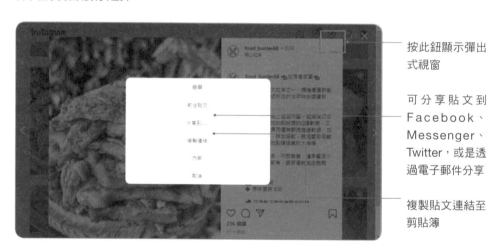

按此鈕顯示彈出式視窗

可分享貼文到Facebook、Messenger、Twitter，或是透過電子郵件分享

複製貼文連結至剪貼簿

發佈相片 / 影片

　　想要直接透過桌上型電腦來發佈貼文至 Instagram 社群，那麼這裡介紹的技巧就不可不知道哦！請先將你的智慧型手機利用 USB 線連接至電腦，再依照下面介紹的步驟進行設定，以發佈相片為主的貼文。請注意，上傳的相片可以使用 JPG 格式，但無法使用 PNG 格式喔！

1 登入 IG 帳號後，按此鈕，從下拉選單中執行「個人檔案」切換到帳號頁面

2 按右鍵執行「檢查」指令，使顯示程式碼於右側

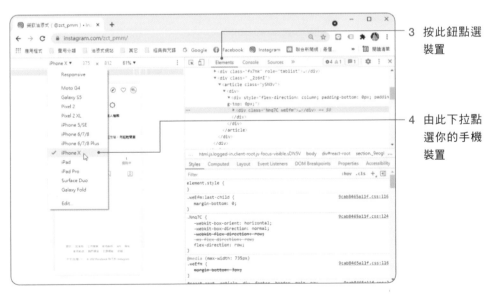

3 按此鈕點選裝置

4 由此下拉點選你的手機裝置

5 按此鈕重新整理網頁

6 按此鈕進行圖片影音的上傳

7 點選想要上傳的檔案

8 按下「開啟」鈕上傳檔案

9 按下「繼續」鈕繼續編輯貼文

10 輸入要發佈的文字內容後，按下「分享」鈕分享新貼文

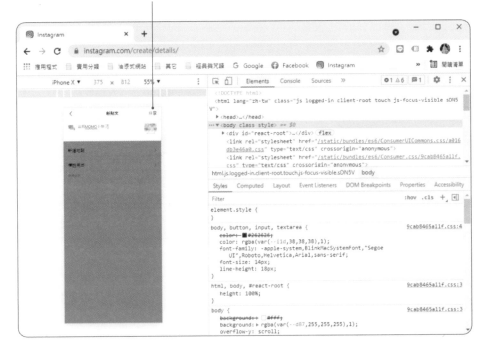

　　重新整理瀏覽器後，各位就可以立即在 IG 社群上看到發佈的新貼文。如下所示，便是桌面上的瀏覽器與手機上所呈現的畫面效果。

利用剛剛介紹的方式，在桌機上利用瀏覽器模擬 IG 介面的使用就和你平常使用行動版 IG 的方式差不多，包括內建的「濾鏡」和「編輯」功能都可以使用。

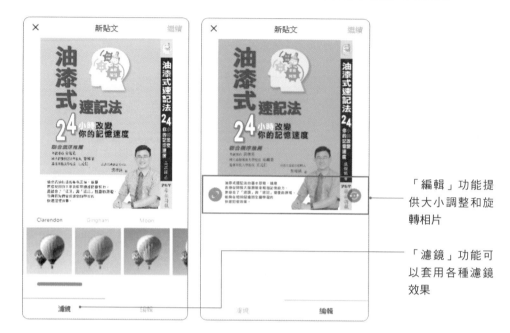

「編輯」功能提供大小調整和旋轉相片

「濾鏡」功能可以套用各種濾鏡效果

零秒爆量成交的 PO 文速成心法

「做社群行銷就像談戀愛,多互動溝通最重要!」社群平台如果沒有長期的維護經營,有可能會讓粉絲們無情地取消關注。如果希望自己的帳戶的追蹤者能像滾雪球一樣地成長,那麼就要讓粉絲喜歡你,這個關鍵就是在於你能否先提供價值給他們。不會有人想追蹤一個沒有內容的粉專,因此貼文內容扮演著最重要的角色,甚至粉絲都會主動幫你推播與傳達。因此必須定期的發文撰稿、上傳相片 / 影片做宣傳、注意貼文下方的留言並與粉絲互動,如此才能建立長久的客戶,加強店家與品牌的形象。

一次只強調一個重點,才能讓觀看者有深刻印象

在 IG 上貼文發佈頻率其實沒有一定的準則,不過如果經營 IG 的模式是三天打魚兩天曬網,久了粉絲肯定會取消追蹤,最好儘可能做到每天更新動態,或者一週發幾則近況,發文的頻率確實和追蹤人數的成長有絕對的關聯,例如利用商業帳號查看追蹤者最活躍的時段,就在那個時段發文,便能有效增加貼文曝光機會,或者能夠有規律性的發佈貼文,粉絲們就會願意定期追蹤你的動態。

但是也不要在同一時間連續更新數則動態,太過頻繁也會給人疲勞轟炸的感覺。當追蹤者願意按讚,一定是因為你的內容有料,所以必須保證貼文一定要有吸引粉絲的賣點才行。由於社群平台皆為開放的空間,所發佈貼文和相片都必須是真

實的內容才行，同時必須慎重挑選清晰有梗的行銷題材，盡可能要聚焦，一次只強調一項重點，這樣才能讓觀看的用戶留下深刻的印象。

|3-1| 貼文撰寫的小心思

　　時下利用 Instagram 拉近與粉絲距離的店家與品牌不計其數，首先各位要清楚對大多數人而言，使用 Facebook、Instagram 等社群網站的初心絕對不是要購買東西，所以在社群網站進行商品推廣時，務必「少一點銅臭味，多一點同理心」，千萬不要一味地推銷商品，最好能在文章中不露痕跡地陳述商品的優點和特色。

　　在社群經營上，首要任務就是要讀懂你的粉絲，因為投其所好才能增加他們對你的興趣，例如用心構思對消費者有益的美食貼文，這樣不起眼的小吃麵攤有可能透過社群行銷，也能搖身變成外國旅客來訪時的美食景點，店家發文時，不妨試試提出鼓勵粉絲回應的問題，想辦法讓粉絲主動回覆，這是和他們保持互動關係最直接有效的方法。

設身處地為客戶著想，較容易撰寫出引人共鳴的貼文

　　發佈貼文的目的當然是盡可能讓越多人看到越好，一張平凡的相片，如果搭配一則好文章，也能搖身一變成為魅力十足的貼文。寫貼文時要注意標題訂定，設身

處地為用戶著想，了解他們喜歡聽什麼、看什麼，或是需要什麼，這樣撰寫出來的貼文較能引起共鳴，千萬不要留一些言不及義的罐頭訊息或是丟表情符號或嗯啊這樣比較沒 fu 的互動方式。標題部分最好還能包括關鍵字，同時讓關鍵字隱約出現在貼文中，然後同步分享到各社群網站上，如此可以大大增加觸及率。

按讚與留言

在 Instagram 中和他人互動是很簡單的事，對於朋友或追蹤對象所分享的相片 / 影片，如果喜歡的話可在相片 / 影片下方按下 ♡ 鈕，它會變成紅色的心型 ♥，這樣對方就會收到通知。如果想要留言給對方，則是按下 ◯ 鈕在「留言回應」的方框中進行留言。真心建議各位有心的店家每天記得花一杯咖啡的時間，去看看有哪些內容值得你留言分享給愛心。

按讚與留言

留言視窗

開啟貼文通知

不想錯過好友或粉絲所發佈的任何貼文，各位可以在找到好友帳號後，從其右上角按下 ⋯ 鈕，並在跳出的視窗中點選「開啟貼文通知」的選項，這樣好友所發佈的任何消息就不會錯過。

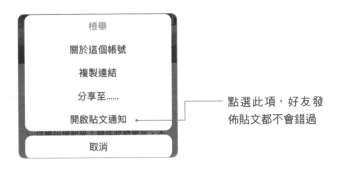

點選此項，好友發佈貼文都不會錯過

同樣地，想要關閉該好友的貼文通知，也是同以上方式在跳出的視窗中點選「關閉貼文通知」指令就可完成。

在探索主題或是瀏覽好友的貼文時，對於有興趣的內容也可以將它珍藏起來，也就是保存他人的貼文到 IG 的儲存頁面。要珍藏貼文請在相片右下角按下 🔖 鈕使變成實心狀態 🔖 就可搞定。貼文被儲存時，系統並不會發送任何訊息通知給對方，所以想要保留暗戀對象的相片也不會被對方發現。

按此處進行珍藏，目前顯示珍藏狀態

如果想要查看自己所珍藏的相片，切換到「個人」，按下右上方的 ☰ 鈕，接著點選「我的珍藏」，就會顯示「我的珍藏」頁面。如右下圖所示：

- 顯示所有珍藏的內容
- 剛剛新加入的珍藏項目

由於珍藏的內容只有自己看得到，如果珍藏的東西越來越多時，可在「珍藏分類」的標籤建立類別來分類珍藏。設定分類的方式如下：

1　按下右上角的「+」鈕

3　按「下一步」鈕

2　輸入類別的名稱

5 設定完成按下此鈕

4 依序勾選相片縮圖

7 按「+」鈕繼續增加其他類別

6 類別建立成功

貼文加入驚喜元素

在這個知識爆炸的時代，不會有人想追蹤一個沒有內容或趣味的用戶，因此貼文內容扮演著重要的角色，在貼文、留言當中，或是個人檔案之中，可以適時地穿插一些幽默元素，像是表情、動物、餐飲、蔬果、交通、各種標誌等小圖示，顯現出活潑生動的視覺效果。

個人簡介中也可以穿插小圖示，以拉近和他人的距離

貼文中可加入各種生動活潑的小圖案作為點綴

要在貼文中加入這些小圖案一點都不困難，當你要輸入文字時，手機中文鍵盤上方按下 😊 鈕，就可以切換到小插圖的面板，如右下圖所示，最下方有各種的類別可以進行切換，點選喜歡的小圖示即可加入至貼文中。

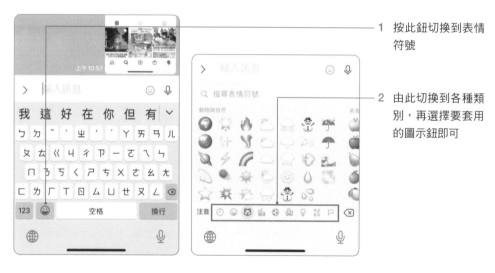

1 按此鈕切換到表情符號

2 由此切換到各種類別，再選擇要套用的圖示鈕即可

在首面中按下 ⊕ 的新增「貼文」中也可以輕鬆為文字貼文加入如上的各種小插圖，如左下圖所示。別忘了在首面中按下 ⊕ 的新增「限時動態」中，還可以使用

趣味或藝術風格的特效拍攝影像，只需簡單的套用，便可透過濾鏡讓照片充滿搞怪及趣味性，讓相片做出各種驚奇的效果，偶爾運用也能增加貼文趣味性喔！

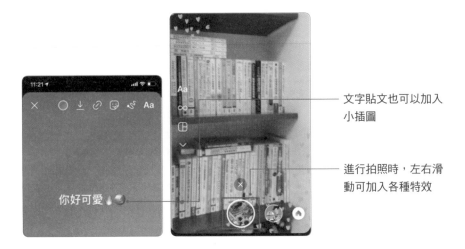

文字貼文也可以加入小插圖

進行拍照時，左右滑動可加入各種特效

跟人物 / 地點說 Hello

要在貼文中標註人物時，只要在相片上點選人物，它就會出現「這是誰？」的黑色標籤，這時就可以在搜尋列輸入人名，不管是中文名字或是用戶名稱，IG 或自動幫你列出相關的人物，直接點選該人物的大頭貼就會自動標註，如右下圖所示。同樣地，標註地點也是非常的容易，輸入一兩個字後就可以在列出的清單中找到你要的地點。

由此進行人名和地點的標註

輸入用戶名稱或中文名字，就可以快速找到該用戶並進行標註

推播通知設定

IG 主要是以留言為溝通管道，當你接收到粉絲留言時應該迅速回覆，一旦粉絲收到訊息通知，知道留言被回覆時，他也能從中獲得樂趣與滿足。若與粉絲間的交流變密切，粉絲會更專注你在 IG 上的發文，甚至會分享到其他的社群之中。如果你要確認貼文、限時動態、留言等各種訊息是否都會都知你，或是你不希望被干擾想要關閉各項的通知，那麼可在「設定」頁面的「通知」功能中進行確認。

選此項進行通知設定

按鈕變藍色就不會收到推播通知，但是開啟 IG 時會看到新的通知

點選後可依序設定細項內容

點選「通知」後，你可以針對以上的幾項來選擇開啟或關閉通知，包括：「貼看文觀、限時動態和留言」、「追蹤名單和粉絲」、「訊息」、「直播和 IGTV」、「募款活動」、「來自 Instagram」、「其他通知類型」、「電子郵件和簡訊」、「購物」等。

|3-2| 豐富貼文的變身技

社群媒體是能經常接觸到品牌的地方，因此 IG 的貼文需要花許多時間經營與包裝，還需要編排出有亮點的文字內容，讓閱讀有更好的體驗。各位想要建立兼具色彩感的文字貼文，在 Instagram 中也可以輕鬆辦到，用戶可以設定主題色彩和背景顏色，讓簡單的文字也變得五彩繽紛。貼文不只是行銷工具，也能做為與消費者溝通或建立關係的橋樑，不妨嘗試一些具有「邀請意味」的貼文，友善的向粉絲表示「和我們聊聊天吧！」以文字來推廣商品或理念時儘可能要聚焦，而且一次只強調一項重點，這樣才能讓觀看的粉絲有深刻的印象。

建立限時動態文字

各位要建立限時動態文字，請在 IG 只要在 IG 下方按下⊕鈕，並在出現的畫面下方選定「限時動態」，並在畫面左側按「Aa」鈕建立「文字」，接著點按螢幕即可輸入文字。

按此鈕變換主題色彩

2 按「Aa」鈕建立「文字」

4 顯示你所輸入的文字內容

3 點一下螢幕，開始輸入文字

1 切換到「限時動態」

螢幕上方還提供文字對齊的功能，可設定靠左、靠右、置中等對齊方式。另外也提供字體色彩的變更及不同文字框的選擇：

這裡提供字體色彩的變更

變更及不同文字框的

按此鈕設定文字對齊方式

文字和主題色彩設定完成後，按下圓形的「下一步」鈕就會進入如下圖的畫面，點選「限時動態」、「摯友」、「傳送對象」等即可進行分享或傳送。

按此鈕可新增文字內容

按此鈕可將畫面儲存下來

吸睛 100 的文字貼文

各位可別小看「文字」貼文的功能，事實上 IG 的「文字」也可以變化出有設計味道的文字貼文，因為你可以為文字自訂色彩、為文字框加底色、幫文字放大縮小變化、為文字旋轉方向、也可以將多組文字進行重疊編排，讓你製作出與眾不同的文字貼文。善用這些文字所提供的功能，就能在畫面上變化出多種的文字效果，組合編排這些文字來傳達行銷的主軸，也不失為簡單有效的方法。

滑動兩指指間，可調整文字大小或旋轉角度

點擊文字就可以進入編輯狀態，再次編輯文字或屬性

文字框加底色的效果

最後編輯的文字會放置在最上層

重新編輯上傳貼文

人難免有疏忽的時候，有時候貼文發佈出去才發現有錯別字，想要針對錯誤的資訊的進行修正，可在貼文右上角按下「選項」… 鈕，再由顯示的選項中點選「編輯」指令，即可編修文字資料。

1 按「選項」鈕

2 選擇「編輯」指令編輯資料

分享至其他社群網站

由於所有行銷的本質都是「連結」，對於不同受眾來說，需要以不同平台進行推廣，如果將自己用心拍攝的圖片加上貼文放在行銷活動中，對於提升粉絲的品牌忠誠度來說則有相當的幫助。因此社群平台的互相結合能讓消費者討論熱度和延續的時間更長，理所當然成為推廣品牌最具影響力的管道之一。

各位如果想要將貼文或相片分享到 Facebook、Twitter、Tumblr 等社群網站，只要在 IG 下方按下 ⊕ 鈕選定相片，依序「下一步」至「新貼文」的畫面，即可選擇將貼文發佈到 Facebook、Twitter、Tumblr 等社群。由下方點選社群使開啟該功能，按下「分享」鈕相片 / 影片就傳送出去了。由於 Instagram 已被 Facebook 收購，所以要將貼文分享到臉書相當的容易，請各位按下「進階設定」鈕使進入「進階設定」視窗，並確認偏好設定中有開啟「分享貼文到 Facebook」的功能，這樣就可以自動將你的相片和貼文都分享到臉書上。

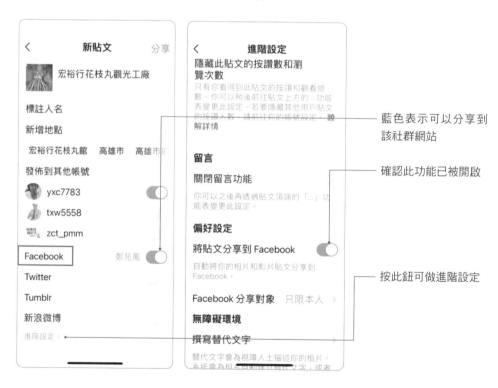

加入官方連結與聯絡資訊

在前面的章節中我們曾經強調過，個人或商家都應該在「個人」頁面上建立完善的資料，包括個人簡介、網站資訊、電子郵件地址、電話等，因為這是其他用戶認識你的第一步。但是一般用戶在瀏覽貼文時並不會特別去查看，所以每篇貼文的最後，最好也能放上官方連結和聯絡的資訊。例如歌手羅志祥的每篇貼文後方一定會放入個人 IG 帳號或主題標籤，方便粉絲們最連結。如果還有其他的聯絡資訊，如商家地址、營業時間、連絡電話等，可以貼在最後，方便直接連結和查看。

貼文最後需要加入聯絡資訊

showlostager [20181019] 美好奇妙夜 3p
Sexy @showlostage #showlo
#showlostage #羅志祥
Cr:泡泡冰專送 | 羅志祥

👥各項活動可私訊詢問及報名！
🔍IG搜尋：va俱樂部
📲也可點選IG個人簡介 @focus0103 上的網站，詢問及報名！

| 3-3 | 閨密間的分享密碼

Instagram 是一個提供相片或視訊分享的社群平台，它允許你選擇是否要讓照片公開或是私人。相片若設為公開，那麼大家可以依據你的標籤內容而找到你的帳號，同時對你的照片按愛心，照片若為私人，那麼只有追蹤你的人才可以看到。所拍攝的相片 / 視訊如果只想和幾個好朋友分享，那麼可以透過「摯友名單」的功能來建立。

所建立的摯友清單只有自己知道，Instagram 並不會傳送給對方知道。唯有當你分享內容給摯友時，他們才會收到通知，而在相片或影片上會加上特別的標籤，收到分享的好友們並不會知道你有傳送給那些人分享，所以相當具有隱密性。這項功能適合用在限時動態或特定貼文的分享。

編輯摯友名單

各位所拍攝的相片 / 視訊如果只想和幾個好朋友分享與行銷，那麼可以透過「摯友名單」的功能來建立。想要編輯摯友名單，請切換到「個人」 👤 ，按下右上角的 ☰ 後選擇「摯友」的選項，透過「搜尋」欄搜尋朋友名字，再依序「新增」朋友帳號即可。

與摯友分享

　　已經有設定摯友名單後，下回當你透過 ⊕ 新增「限時動態」後，就可以在下方看到「摯友」的按鈕，如左下圖所示，或是按下「傳送」鈕進入右下圖的畫面，也可以在「摯友」後方按下「分享」鈕分享畫面。

4

觸及率翻倍的 IG
拍照御用工作術

年輕人喜歡美麗而新鮮的事物，Instagram 不但廣受年輕族群喜愛，特別是在相關新聞中更能看見 IG 的驚人潛力，至於 Instagram 行銷並不難，只要善用這些技巧並掌握用戶特性，你也能在上面建立知名度。許多網路商家都會透過 Instagram 限時動態來陳列新產品的圖文資訊，而消費者也可以在瀏覽後透過連結進入店鋪作選購。

當文字加上吸睛圖片，圖片同時散發出的品牌個性及產品價值，只要你的圖片有質感與創意，足夠吸引人，就能快速累積廣大粉絲，不知不覺中就有了導購的效果，這種針對目標族群的挑動性，最能有效提升商品的的點閱率。例如紐約相當知名的杯子蛋糕名店 Baked by Melissa，就成功運用 IG 張貼有趣又繽紛的相片貼文，使蛋糕照更添一份趣味，讓粉絲更願意分享，與當地甜食愛好者建立一個相當緊密的聯繫互動。

🎧 Baked by Melissa 的蛋糕相片，張張都讓人垂涎欲滴

各位要拍出好的攝影作品，需要基本的美學素養作為基礎，以確保每次發表的相片貼文都是新鮮、獨特且具有創造力。有鑑於此，本章將針對如何使用 Instagram

來拍攝美照、如何進行美照編修,以及攝錄影秘訣、構圖技巧等主題做介紹,讓各位精進個人的拍攝技巧,打造引以為傲的藝術相片。

|4-1| 相機功能一次就上手

Instagram 行銷要成功就是要把握圖片／相片的美麗呈現,因為拍攝的相片不夠漂亮,很難吸引用戶們的目光,粉絲永遠都是喜歡網路上美感的事物,用戶可將智慧型手機所拍攝下來的相片／影片,利用濾鏡或效果處理變成美美的藝術相片,然後加入心情文字、塗鴉或貼圖,讓生活記錄與品牌行銷的相片更有趣生動,話不多說,下面我們就先來認識相關的 IG 相機拍照功能。

Instagram 要進行相片拍攝,可以透過「新增」⊕頁面,來進行自拍、拍攝景物、限時動態或直播,所拍攝的照片還可套用濾鏡、調整明暗亮度、或進行結構、亮度、對比、顏色、飽和度、暈映等各種編修功能。

按此鈕可以啟動相機

在「新增」頁面可以將照相機功能應用在貼文、限時動態或直播

拍照 / 編修私房撇步

用戶可以將智慧型手機所拍攝下來的相片,透過編輯工具能將照片提升亮度、銳利化、或調整角度,而透過濾鏡能幫助他們傳遞一致的心境與情緒,這些具有 Instagram 效果的圖像,更對品牌行銷產生一定的影響性。

當各位在透過「新增」⊕ 頁面的「相機」◎ 鈕將會進入拍照狀態。按下「閃光燈」鈕會開啟相機的閃光燈功能,方便在灰暗的地方進行拍照。

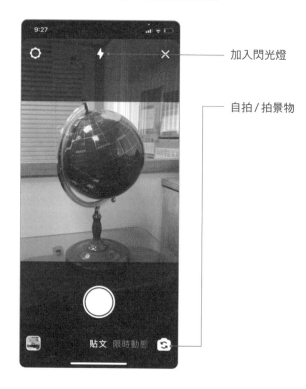

調整好位置後,按下白色的圓形按鈕進行拍照,之後就是動動手指頭來進行濾鏡的套用和旋轉 / 縮放畫面,多這一道手續會讓畫面看起來更吸睛搶眼。各位也可以選用「新增」⊕ 功能,在拍攝相片後是透過縮圖樣本來選擇套用的濾鏡,切換到「編輯」標籤則是有各種編輯功能可選用。

按此鈕針對畫面的明暗與對比進行調整（Lux）

直接可看到各種濾鏡套用的效果，可快速選取

提供的各種編輯功能

Instagram 所提供的相片「編輯」功能共有 13 種，包括：調整、亮度、對比、結構、暖色調節、飽和度、顏色、淡色、亮部、陰影、暈映、移軸鏡頭、銳化等，點選任一種編輯功能就會進入編輯狀態，基本上透過手指指尖左右滑動即可調整，確認畫面效果則按「完成」離開。

「編輯」功能所提供的編修要點簡要說明如下：

- Lux：此功能獨立放置在頂端，以全自動方式調整色彩鮮明度，讓細節凸顯，是相片最佳化的工具，可快速修正相片的缺點。
- 調整：可再次改變畫面的構圖，也可以旋轉照片，讓原本歪斜的畫面變正。
- 亮度：將原先拍暗的照片調亮，但是過亮會損失一些細節。
- 對比：變更畫面的明暗反差程度。
- 結構：讓主題清晰，周圍變模糊。
- 暖色調節：用來改變照片的冷、暖氛圍，暖色調可增添秋天或黃昏的效果，而冷色調適合表現冰冷冬天的景緻。
- 飽和度：讓照片裡的各種顏色更艷麗，色彩更繽紛。

- **顏色**：可決定照片中的「亮度」和「陰影」要套用的濾鏡色彩，幫你將相片進行調色。
- **淡化**：讓相片套上一層霧面鏡，呈現朦朧美的效果。
- **亮部**：單獨調整畫面較亮的區域。
- **陰影**：單獨調整畫面陰影的區域。
- **暈映**：在相片的四個角落處增加暈影效果，讓中間主題更明顯。
- **移軸鏡頭**：利用兩指間的移動，讓使用者指定相片要清楚或模糊的區域範圍，打造出主題明顯，周圍模糊的氛圍。
- **銳化**：讓相片的細節更清晰，主題人物的輪廓線更分明。

　　如左下圖所示是「調整」功能，使用指尖左右滑動可以調整畫面傾斜的角度，讓畫面變得更搶眼而有動感，透過「移軸鏡頭」功能可以選擇畫面清晰和模糊的區域範圍，就如右下圖所示，將背景變得模糊些，臉部表情就比左下圖的更鮮明。

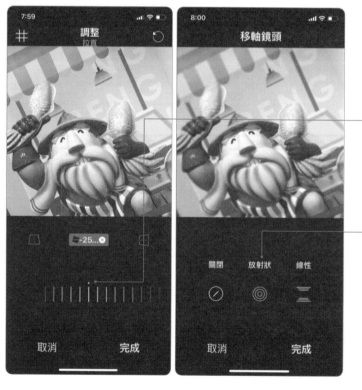

使用指尖左右滑動可以調整畫面傾斜的角度

選用「放射狀」後，可以用手指尖控制畫面清楚和模糊的區域範圍

夢幻般的濾鏡功能

IG 是個比較能展現自我與尋找美學靈感的平台，許多品牌主都不斷的在思索，如何在 IG 上創造更吸睛的內容，Instagram 有非常強大的濾鏡功能，能夠輕鬆幫圖像增色，圖片要有自己的品味與風格，就可以透過濾鏡效果處理後變成美美的藝術相片。濾鏡功用就是 IG 把一些常見影像特效集中而成的整合功能，透過品牌內容傳播體驗，再藉由趣味互動濾鏡，吸引網友瀏覽轉發，也是一種品牌內容行銷的催化劑。

根據美國大學調查報告指出，使用濾鏡優化圖像的貼文比未使用的高出 21% 的機會被檢視與注意，並得到更多回文機會。如左下圖所示是原拍攝的水庫景緻，只要一鍵套用「Clarendon」的濾鏡效果，自然翠綠的湖面立即顯現。

🎧 原拍攝畫面套用「Clarendon」濾鏡

從圖庫分享相片

IG 代表的不只是一個社群平台，而可以看成是每個現代人日常生活的縮影世界，年輕族群是 IG 的主要用戶，對圖像感受力特別敏銳，對於現代年輕人來說，

大家刷 IG 也都是看圖再決定來看文字，圖片比文字吸引人，也更符合這個世代溝通方式。新手如果要從圖庫中進行相片或影片的分享，選用「新增」⊕ 貼文功能後，即可瀏覽並選取已拍攝的相片。讓圖片說故事是最好的行銷概念，對於年輕客群而言，第一眼的視覺接觸往往直接反應喜好與否。將自己用心拍攝的圖片加上文字，分享至行銷活動中，對於提升品牌忠誠度來說會有相當大的幫助。貼文中也可以一次放置十張的相片或影片，如要放置多張相片請點選 ▣ 鈕，相片縮圖的右上角就會出現圓圈，請依序點選縮圖即可。

1　點選此鈕進行多張相片的選取

3　按「下一步」鈕進入右圖

4　手指左右移動可以調整濾鏡效果，也可以旋轉相片角度、或縮放相片

5　按「下一步」鈕進入分享的畫面

2　依序選取要使用的相片

酷炫有趣的限時動態

如果你有使用「新增」⊕想在 IG 加入限時動態，各位可以直接使用手機內已有的圖片或立即拍照，接著各位可以在圖片上方有一個特效鈕，它各種效果圖案與動態變化供各位選擇，各位只要點選圖案鈕套用。

要新增限時動態時，當選取好圖片或拍照完成時，在圖片上方可以找到「7」鈕，按下這個鈕後，在圖片下方提供各種效果圖案與動態變化供各位選擇

照片的底端所顯示的按鈕列，請選取想要套用的按鈕圖案

　　各位只要點選圖案鈕套用，就可以馬上看到效果。各位不妨整個瀏覽一番，這樣下一次使用時就能運用自如。如下列二圖所示，很多的效果各位都可以嘗試看看。

夢幻般的 BOOMERANG

在新增限時動態時，也可以嘗試使用「BOOMERANG」模式進行創意小影片的拍攝，它可將影片限定在短暫的 1 秒左右的拍攝長度，能夠珍藏生活中每個有趣又驚喜的剎那時刻。只要有移動的動作，透過 BOOMERANG 就能製作迷你影片。

當各位切換到「BOOMERANG」模式，按下拍照鈕就會看到按鈕外圍有彩色線條進行運轉，運轉一圈計時完畢，小影片就拍攝完畢。如下圖所示，拍攝完成時再加入文字和插圖，透過這樣方式就可以讓拍攝的內容變有趣。

2 按此鈕加入輸入文字

3 按此鈕加入點綴的插圖

1 按下圓形鈕進行錄影，並做書本翻頁的動作

4 完成影片會在背景顯示反覆翻頁的效果，就可以選擇要傳送的對象

4-2 創意百分百的修圖技法

對於 Instagram 行銷而言，為了拍出一張討讚的 Instagram 好照片，是不是總讓你費盡心思？在許多品牌獨特且美好的視覺內容引誘與衝擊下，高達 70% 的用戶會因為這些相片啟發而採取行動，萬一你不是攝影高手，卻又擔心圖像不夠漂亮很難讓粉絲動心？各位不要以為有神仙顏值不用修圖，就算是拍花瓶也不要忘了 P 圖！各位接下來就要學習相片的創意編修功能，透過圖片串聯粉絲，可以快速建立起一個個色彩鮮明的品牌社群，讓每個精彩畫面都能與好友或他人分享。

相片縮放 / 裁切功能

請利用下方的「分享拍照」⊕ 進行相片的編修，點選 ⊕ 後可在視窗下方的「圖庫」選取以前所拍攝的相片 / 影片，也可以立即進行「相片」拍照，選取相片後可按下左下角的 🔲 鈕對相片進行縮放或剪裁。

1 按此鈕，然後動動你的手指頭調整相片的比例位置

2 瞧！人物更清楚了

由「圖庫」選取現有相片，或是進行拍照

調整相片明暗色彩

IG 因為有非常強大的濾鏡功能，使它快速竄紅成為近幾年的人氣社群平台，並且累積大量的用戶。對於分享的相片，你可以為它加入濾鏡效果，或按下「編輯」鈕進行調整，如亮度、對比、結構、暖色調節、飽和度、顏色、淡化、亮度、陰影、暈映、移軸鏡頭、銳化等編輯動作，例如不妨大膽一點，嘗試看看對比和飽和度的調高或調降，都能帶來相片的萬種風情，或是光彩奪目，或是冷靜沉穩，例如有些人偏愛日韓系的小清新風格，就可以試試偏冷和藏青色來調色，配合低對比度為主。如果是拍攝的影片，除了套用濾鏡的效果外，還可為影片加入封面！

直接點選縮圖就可套用濾鏡

「編輯」所提供的各項功能，以指尖左右滑動進行切換

影片修剪及加入封面

「編輯」所提供的各項功能，基本上是透過滑桿進行調整，滿意變更的效果則按下「完成」鈕確定變更即可。

|4-3| 一次到位的影片拍攝密技

在這個講究視覺體驗的年代，大家都喜歡看有趣的影片，動態視覺呈現更能有效吸引大眾的眼球，影片絕對是未來社群行銷的重點趨勢，例如不到一分鐘的開箱短影片的方式，就能幫店家潛移默化教育消費者如何在不同的情境下使用產品。事實上，Instagram 除了拍照外，拍攝影片也是輕而易舉的事。

首先我們打開 Instagram App，點選下方中間的⊕來新增貼文，接著按下◎鈕，進入拍照/攝影的畫面：

1 按 IG 下方的「+」鈕

2 按下◎鈕

3 進入拍照/攝影的畫面

用「相機」來錄影

在這個所有人都缺乏耐心的時代，影片須在幾秒內就能吸睛，影片所營造的臨場感及真實性確實更勝於文字與圖片，只要影片夠吸引人，就可能在短時間內衝出高點閱率。如果是拍攝影片，影片開頭或預設畫面就要具有吸引力且主題明確，尤其是前 3 秒鐘最好能將訴求重點強調出來，才能讓觀看者快速了解影片所要傳遞的訊息，方便網友「轉寄」或「分享」給社群中的其他朋友。

當各位按 IG 下方中間的 ⊕ 鈕新增「貼文」畫面中的「相機」◎ 功能來拍攝影片，只要調整好畫面構圖，按下圓形白色按鈕就開始錄影，手指放開按鈕則完成錄

影，並進入如下畫面，可以讓使用者套用「濾鏡」，並進行影片的修剪，還可以在在「封面」標籤中設定封面相片。如下列三圖所示：

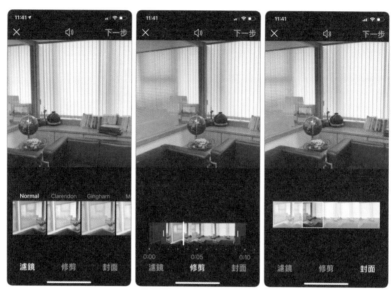

🎧 濾鏡、修剪及封面三個畫面

影片完成後，再按「下一步」鈕就可以發佈影片貼文，如下圖所示：

影片儘可能營造臨場感與真實性，從觀眾的角度來感同身受，以吸引觀眾的目光，進而創造新聞話題或轟動。如果可能的話，最好為影片加入字幕，因為很多人的手機是在沒有聲音的情況下觀看影片，加入字幕可以讓觀眾更了解影片的內容，不會受到靜音的限制。

一按即錄

當各位按 IG 下方中間的 ⊕ 新增鈕的「限時動態」功能中的「一按即錄」功能，使用者只要在剛開始錄影時按一下圓形按鈕，接著就可以專心拿穩相機拍攝畫面，或是在拍攝過程中也可以透過手指縮放畫面，直到結束時再按下按鈕即可，而每段影片的時間以繞圓周一圈為限，如果用戶仍然繼續拍攝就會自動產生第二段、第三段影片，直到按下該鈕才會結束錄影。

此功能不用一直按著按鈕進行錄影，是拍攝的最佳夥伴

拍攝過程會自動產生一段段的影片

直播影片不求人

　　目前全球玩直播正夯，許多企業開始將直播作為行銷手法，消費觀眾透過行動裝置，特別是 35 歲以下的年輕族群觀看影音直播的頻率最為明顯，利用直播的互動與真實性吸引網友目光，從個人販售產品透過直播跟粉絲互動，延伸到電商品牌透過直播行銷，相對於在社群媒體發布的貼文，有將近 8 成以上的人認為直播是更有興趣，更容易吸引他們注意力的行銷方式。特別是各家社群平台陸續開放直播功能後，手機成為直播最主要的工具；其中觸及率最高的第一個就是直播功能。

　　直播成功的關鍵在於創造真實的內容，手段在於「展示」而非「推銷」，不僅能拉近品牌和消費者之間的距離，也增進品牌的透明度，帶來了更大的聲量與產品銷售量。Instagram 直播非常實用，因為無需購買專業設備即可線上直播，只要有智慧型手機就可以開始，不需要專業的影片團隊也可以製作，所以不管是明星、名人、素人，都可以透過直播和粉絲互動。Instagram 的「直播」功能和 Facebook 的直播功能略有不同，它可以在下方留言或加愛心圖示，也會顯示有多少人看過，但是 Instagram 的直播內容並不會變成影片，而且會完全的消失。當各位按 IG 下方中間的 ⊕ 鈕，功能底端選用「直播」，只要按下「直播」鈕，Instagram 就會通知你的一些粉絲，以免他們錯過你的直播內容。

|4-4| 攝錄達人的吸睛方程式

　　相片想要吸引眾人目光，畫面色彩是否鮮豔動人、對比是否強烈鮮明、構圖是否有特色、光線變化是否別出心裁等，這些全部都是重點。所以用心構圖讓畫面呈現不同於以往的視覺感受，這樣拍出來的相片就成功了一半。Instagram 是個獨特又迷人的社群，不僅啟發了品牌的行銷和攝影技術，還能加速帶動趨勢的流行，想要使用 Instagram 進行相片拍攝或錄影，一切細節都很重要，想要對品牌／商品進行宣傳，那麼基本的攝錄影技巧不可不知。

　　當各位拿起手機進行拍攝時，事實上就是模擬觀看者的眼睛在觀看世界，所以認真觀察體驗，用心取景構圖，以自己的眼睛替代粉絲的雙眼，真實誠懇的傳達理念或想法，才能讓拍攝的相片與觀看者產生共鳴，進而在短時間內抓住觀看者的目光。這個小節我們將針對拍攝的基本技法做說明，讓你拿穩手機拍照，用你那充滿創造力的雙眼認真看待世界，就能將平凡的事物推向藝術境界，輕鬆拍出吸睛的畫面。

掌鏡平穩的訣竅

　　各位要拍出好的視訊影片，最基本的功夫就是要維持鏡頭「平順穩定」。因此，雙腳張開與肩膀同寬，才能在長時間站立的情況下，維持腳步的穩定性。手持手機拍攝時，儘量將手肘靠緊身體，讓身體成為手機的穩固支撐點，屏住呼吸不動，這樣就可以維持短時間的平穩拍攝。

觀景窗距離眼睛遠，手肘沒有依靠，單手持手機拍攝，都是造成影像模糊的元兇

　　如果環境許可的話，盡量尋找週遭可以幫助穩定的輔助物，譬如在室內拍攝時，可利用椅背或是桌沿來支撐雙肘；在戶外拍攝，那麼矮牆、大石頭、欄杆、車

門等，就變成各位最佳的支撐物。善用周邊的輔助工具，可讓雙肘有所依靠。若是進行運鏡處理時，那麼建議使用腳架來輔助取景，以方便做平移或變焦特寫的處理。

利用周遭環境的輔助物做支撐，可增加拍攝的穩定度

　　例如各位經常在 Instagram 上看到許多的精緻的美食，大都採用如下的「平拍」手法，所謂「平拍」是將拍攝主題物放在自然光充足的窗戶附近，採用較大面積的桌面擺放主題，並留意主題物與各裝飾元素之間的擺放位置，透過巧思和謹慎的構圖，再將手機水平放在拍攝物的上方進行拍攝。由於拍攝物與相機完全呈現水平，沒有一點傾斜度，所以稱為「平拍法」。這種拍攝的方式安全而且失誤率低，各位一定要使用看看。

「平拍手法」不一定得在平面的桌面上進行拍攝，只要主體物和相機是採水平方式進行拍攝，也能產生不錯的畫面效果，如下圖所示：

採光控制的私房撇步

攝影最重要的元素就是光線，光線可以說是照片和影片的第二生命，只要光線對了，真的就是套什麼濾鏡都好看。攝影的光線有「自然光源」與「人工光源」兩種，自然光源指的就是太陽光，這是拍攝時最常使用的光源。因為自然光卻可以呈現產品最原始的色澤和外貌，同樣的場景會因為季節、天候、時間、地點、角度的不同而呈現迴異的風貌，每次拍攝都能拍出不同感覺的照片，因此不管是要在家裡或是建築物內拍攝，都可以利用靠窗座位、窗台等位置來取用自然的陽光。這些生活中細微的光源變化，左右了每一張照片的成敗。像是日出日落時，被射物體會偏向紅黃色調，白天則偏向藍色調，晴天拍攝則物體的反差較強烈，陰天則變得柔和。

室外也是一個尋找靈感的好地方，除了光線充足與均勻外，更多了一份視野的寬闊感，不過要留意光源位置不同會影響到畫面的拍攝效果，光線均勻可以拍出很多細節，如果被拍攝物體正對著太陽光，這種「順光」拍攝出來的物體會變得清楚鮮豔，雖然光線充足，但是立體感較弱。如果光線從斜角的方向照過來，由於陰影的加入會讓主題人物變得更立體。

⋒ 陰影除了增加立體感外，也能產生戲劇化的效果

如果是正中午拍攝主題人物，由於光源位在被攝物的頂端，容易在人像的鼻下、眼眶、下巴處形成濃黑的陰影。「逆光」則是由被拍攝物的後方照射而來的光線，若是背景不夠暗，容易造成主題變暗。

⋒ 逆光攝影會讓主體的輪廓線更鮮明，易形成剪影的效果

很多的風景畫面若是探求光線的變化，往往會讓習以為常的景緻展現出特別的風味。另外，線條的走向具有引領觀賞者進入畫面的作用，或者嘗試利用撞色搭配出反差感，所以各位在按下快門之前，不妨多多嘗試各種取景角度，不管是高舉相機或是貼近地面，都有可能創造出嶄新的視野和景象。

🔆 對比變化

🔆 弧線變化

🔆 線條 / 色彩變化

🔆 色彩變化

Tips

不管是拍照還是錄影，其實最重要的並不只是工具，而是燈光效果，有經驗的攝影師都知道，沒有打光的商品跟打光的商品，拍出來的呈現差很多。如果想要晉身稍微專業的直播主，補光燈算是直播必備的神器，因為手機在光線昏暗的情況下很容易會影響畫質，這時就需要隨身的補光燈上場，不但能讓錄影品質大幅提升，還可以幫忙調整亮度與色溫。

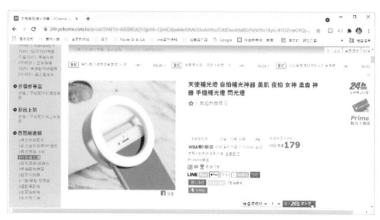

🎧 補光燈和手機的連接方式區分為「夾式」與「耳機插孔式」

多重視角的集客風情

　　雖然是人手一支的手機，拍攝的是日常生活中的事物，一般人在拍攝時都習慣以站立之姿進行拍攝，這種水平視角的拍攝手法，畫面會變往往得平凡而沒有亮點，因為眼睛已習以為常。IG 的圖片代表著品牌的形象，拍攝的角度也非常重要，人們都會被特殊的視角吸引，你分享的東西應該要有自己的風格，例如是介紹精緻烹調的食物，最好就用俯視的角度，由上往下拍攝，拍出空間感之餘的幸福氣氛。

🎧 俯角能拍出食物飽滿的幸福感

我們建議各位不妨採用與平日不同的角度來拍世界，取角角度不同，除了能讓主題與背景構築的畫面更豐富，利用多重視角創造多樣視覺構圖，特別是從不同的角度去觀察輪廓與光影，經常會讓人有眼睛一亮的感覺。諸如：坐於地上，以膝蓋穩住機身；或是單腳跪立，以手肘撐在膝蓋上；或是全身躺下，只用兩手肘支撐在地上。

這樣的拍攝方式，不但可以穩住機身，拿穩鏡頭，仰角度、俯角度也能帶給觀賞者全新的視覺感受，偶爾添加一些仰角畫面，能帶到更完整的建築物，尤其是拍攝高聳的主題人物，也會更具有氣勢。另外，鏡頭由一個點橫移到另一點，或是攝影鏡頭隨著人物主題的移動而跟著移動等方式，也可以表現出動感和空間效果。

⊙ 採用低姿勢拍攝，視覺感受的新鮮度會優於站姿

色彩是影響照片很決定性的要素，如果是拍攝餐點、糕餅、點心等美食或商品，除了善用現場的自然光線外，互補色或對比色能創造出不同心動效果，記得要重視擺盤，讓畫面看起來精緻可口且色彩繽紛，例如一張吸睛的食物照絕對不是只有食物那麼簡單，道具也是很重要的元素，善用道具作為點綴，像是花瓶、眼鏡、雜誌、手機、錢包、筆電等，讓照片營造出意境或美好的氛圍。

至於視角部分，除了一般常用的從正上方往下拍外，不妨嘗試由前面正拍食物，像是以連拍技巧捕捉醬汁倒入食物中的畫面、準備開動美食、手持食物的動作等，只要背景簡單清爽，焦點放在美食上，也能照出高人氣的美食照，切記！千萬不要找背景太亂的地方，這樣會模糊焦點，影響了整體效果。

在拍攝影片時，最好一次只拍攝一個主題，因為「極簡攝影風」更能營造出讓視覺深呼吸的想像空間，以一個主題貫穿所有作品，除了讓作品有更統一的風格外，也方便構思與跑出靈感。不要企圖一鏡到底，儘可能善用各種鏡頭或角度來表現主題，用意在於凸顯照片中的主題，並能帶出觀眾當下的情感張力，例如要展現一個展覽或表演活動，可以先針對展覽廳的外觀環境做概述，接著描寫展覽廳的細節、表演的內容、參觀的群眾，最後可以加入自己的觀感等等。

在 Instagram 裡運用「新增」⊕ 鈕來錄影，正好可以表現像這樣的多片段畫面，只要預先構思好要拍攝的片段，就能胸有成足竹的利用「新增」⊕ 鈕來輕鬆達標。如果沒有預先計畫，企圖從外到內一鏡完成，這樣拍攝出來的效果一定讓人看得頭昏眼花。

獲讚無數的自拍手札

Instagram 是個美圖爭妍鬥豔與百家爭鳴的地方，或許更是下一個零售業者或品牌接近千禧世代的方式。大家都喜歡將自己打扮自己最美麗照片上傳，只要你的照片有創意質感，日常的美食照、穿搭照等都能應用，就能累積廣大粉絲。如果你喜歡自拍，現今流行的自拍神器相當好用，除了可以不受拘束地想拍就拍，多節的伸縮調桿，讓拍遠拍近都變得輕鬆，用自拍棒拍照的話，一個人也可拍出寫真的效果。手機鏡頭夾也有提供特效可打造不同的效果，另外手機夾所附的後視鏡頭，讓自拍者輕鬆拍下美美的照片，出外旅遊有了它真得是方便好用。

自拍首要就是看場合，使用手機自拍影像或視訊時，第一步要找到對的光線，是自拍的基本功，接著要選對合適的時間和地方自拍，加上到位表情和信心。例如女生在自拍的時候都喜歡側臉，由於大部分人的臉也不是左右對稱，拍照時挑選自己偏好的一面上鏡就是常識。例如縮下巴抿唇微笑，偷偷發出「C」或「甜」的音之外，角度的拍攝也是很重要的，除非你很瘦，不然鏡頭一定要比臉高，像是以左上 / 右上 45 度角向下拍，可以讓五官更立體，並在自拍時同時將下巴往下壓，讓臉的弧度更美，同時臉頰也會變得嬌小，或者以「雙手捧臉或托腮」等小動作遮住臉部，再依照臉型大小做微調，都是用戶票選最迷人的姿勢，通常都會有不錯的視覺效果。

⌒ 手機自拍畫面

　　拍照時最好待在戶外，或是陽光照射的窗戶邊，光源往往都是拍照的重點，你不需直接站在景點前，試著融合兩旁街景會更時尚不凡。當然也可以使用智慧型手機的廣角鏡來進行自拍，可以使照片畫面裡的透視關係更加明顯，只要景抓得好都能拍出一種讓背景更震撼獨特的感覺，這種廣角鏡為可卸式，需要時再插在手機上即可，使用廣角鏡拍攝時最好以水平角度進行拍攝。基本上，對於不部分小編來說，自拍其實不難，只要加上些微攝影常識，搭配一些有趣的景物，就能述說一個很酷的品牌故事。

| 4-5 | 魅惑大眾的構圖思維

　　原來一張細膩的美照，背後也暗藏許多層次的巧思，例如「構圖是第一生命、光線是第二靈魂」，先掌握住這兩個關鍵，就能拍出熱門的吸睛照。構圖（Composition）指的是構成圖像的元素，簡單來說就是「圖像的呈現組合」。當你去到一個全新的景點時，你通常會變得更為靈敏和善於觀察，不妨用心找一個好地點來思考如何構圖。因為構圖的好壞通常會影響受眾的視覺印象和心裡感受。例如：拍攝遼闊的海平面時，使用水平線的構圖可讓畫面呈現平穩、寧靜的感受，而拍攝高聳的建築物，由於垂直線的構圖，則容易產生高大或孤獨的心裡感受，像這樣就是構圖影響心理層面的感受。

好的構圖才是拍照最重要的精氣神所在，一張好的照片，本身的構圖是吸睛的基礎。構圖最簡單的訣竅就是「精簡」，除了拍攝的主體外，其他多餘的東西盡量不要加入，萬一背景雜亂無章，那麼換個角度拍攝，或是拍攝後利用「編輯」標籤中的「移軸鏡頭」、「暈映」等功能將背景變模糊，也是一種解決之道。構圖要吸引目光，主題人物的位置、大小、角度、光線、遠近都有關聯，構圖雖不盡然決定照片的一切，但比起專業技術的養成，學會構圖才是最基礎的關鍵步驟。入門新手一般最常應用的就是「三等分」法和「黃金比例」，這裡順道跟各位做說明，讓你拍攝的畫面也能達到一定的水準。

三等分構圖

「三等分」（rule of thirds）構圖又稱為「井字構圖」，是許多拍照達人最常使用的構圖技巧，可以利用手機相機裡內建的九宮格線功能來對照畫面，橫直線相交叉的四個點，或是線的所在位置，無論是垂直、水平方向，將拍攝的主題放在這三等份之一，使畫面更有氛圍與美感。以下構圖是將主題定位在其中之一的等分參考線上，其視覺效果會比將主題放在畫面正中央來的吸引人。

另外，也可以將照片平均分割成上／中／下，或左／中／右三等分，將拍攝人物或物品等主題放在三等份不同位置，例如將「主題人物」放在垂直與水平交叉點，更有美感與 Fu，而切割的準則是將可辨識的主體依照遠／中／近分切割，就能營造不同的氛圍，而造成視覺上的遠近層次感。

黃金比例構圖

所謂的「黃金比例」是一種特殊的比例關係，其比值在經過運算後大概是 1：1.618。黃金比例應用到構圖技法上，同樣具有強烈的審美價值，相信各位構圖時，應該沒有那麼多的時間去作短邊／長邊的比例運算，不過各位在決定拍攝對象主體的位置時，可以參考黃金分割定律，將畫面以斜線一分為二，再從其中的一半的三角形中拉出一條跟那條直線垂直的線，將焦點放在該處就是黃金比例的構圖了，也會使照片耐看又不失平衡感。

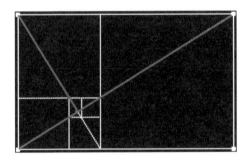

5

課堂上學不到的視覺
行銷奇襲攻略

我們利用 Instagram 行銷，主要的原因還是以「圖像分享」為主的定位，讓使用者可以更輕鬆地「看圖說故事」，對於哪些圖片風格較容易吸引用戶眼球，進而從中將藝術和市場行銷學進行結合，必須有一定充分了解，具有 Instagram 效果的圖像，傳遞顧客最真實與享受的情緒，更對於品牌產生一定的影響性。

⋒ 星巴克經常在 IG 上推出促銷的美麗圖片

例如可將智慧型手機所拍攝下來的相片／影片，利用濾鏡或效果處理變成美美的藝術相片，然後加入心情文字、塗鴉、主題標籤、貼圖、或是做出多張影像重重疊的畫面，讓生活記錄的相片更有趣生動，Instagram 所提供的圖像修飾效果可以藉由 Instagram「相機」功能中就可完成，讓品牌將可以呈現出最自然與適切的樣貌。

|5-1| 魔性視覺內容的爆棚行銷力

　　店家或品牌想要不花大錢，小品牌也能痛快做行銷，並以 Instagram 進行年輕族群的行銷媒介，就必須對影音 / 圖片的行銷技巧有所了解。由於每個社群平台都有專屬的特性，尤其現在的消費者早已厭倦了老舊的強力推銷手法，太商業性質的行銷手法會造成反效果；所以行銷品牌或商品時，當然要以色彩豐富、畫面精緻、視覺吸睛、新潮有趣的相片或影片為主。

Adidas 的視覺行銷力
相當與眾不同

別出心裁的組合相片功能

　　小編們想要將多張相片組合在一張畫面上，各位可以利用「新增」⊕「限時動態」所提供的「版面」來處理。組合相片的特點是可以製作有趣又獨一無二的版面佈局。如果你尚未使用過「版面」的功能，請由 Instagram 底端按下 ⊕ 鈕，切換到「限時動態」標籤，接著按下 ▦ 鈕，就可以依照預設的「版面」配置，由圖庫中選取照片再進行各種不同效果的拍照，或是自行拍照。

如果想變更版面的配置方式，可以按下「⊞」變更網格鈕，就會出現如下圖的各種不同的版面配置可以供各位進行選擇。

確定好自己所需要版面配置方式，接著就可以自行拍照或從圖庫中選取照片，如下圖所示為筆者由圖庫中自行選取一張相片，就會被放置在目前版面配置的第一個位置：

　　套用版面後如果想要變更相片，只要長按相片，按下「🗑」刪除鈕就可以將該圖片刪除，接著重新從圖庫選擇或拍照相片。接著各位可以先從下方的圖庫中點選要使用的相片，接著由上方選擇想要使用的版面進行套用。如下圖所示就是一個完整的版面，確認無誤後，再按下「✓」鈕就可以完成所選定的版面配置的限時動態。

接著各位還可以傳送限時動態前，利用螢幕頂端的幾個功能按鈕在限時動態的圖片上加入各種文字特效、插圖等，一切就緒後，就可以將所完成的組合照片，傳送給指定的摯友或直接傳送到限時動態。如下圖所示：

催眠般的多重影像重疊

　　各位拍攝產品也可以讓多張相片重疊組合在一個畫面上，讓人有吸睛放閃的朦朧般感覺，使用方式很簡單，各位可以利用「新增」⊕ 畫面中的「限時動態」，這時可以選擇拍攝眼前的景物或自拍，也可以從圖庫中找到你曾經儲存過的畫面。拍照或選取相片後，在相片上方按下「插圖」😊 鈕，出現如右下圖的選項時請點選「自拍照」圖示，接著顯示前鏡頭再進行自拍。

2 按此鈕顯示插圖

1 由圖庫中選取要使用的畫面

3 選取相機圖示後，可進行前景畫面的拍攝

　　自拍照有提供了幾種不同模式，只要以手指左右滑動就會自動做切換。調整好位置，按下前鏡頭下方的白色圓鈕即可快照相片。拍攝後還可進行大小或位置的調整，也可以旋轉方向，拍攝不滿意則可拖曳至下方的垃圾桶進行刪除，相當方便。透過這樣的方式，你就可以發揮創意，盡情地將你的商品融入生活相片之中。

1 點選前鏡頭這種模式

2 按下白圓鈕進行拍照

3 拍照完畢後按此鈕會
回到上頁

1 拍攝後還可進行大小
或位置的調整

2 依序點選中間白色圓
鈕圖示，可加入多個
前景畫面

相片中加入可愛元素

讓 IG 相片變可愛的方法有很多，尤其突然看到這些可愛的貼圖，直接讓粉絲們表達最真實的心情和感受度，莫名的覺得超療癒，互動率馬上瞬間爆表！例如可以利用「新增」⊕畫面中的「限時動態」，這時可以選擇拍攝眼前的景物或自拍，也可以從圖庫中找到你曾經儲存過的畫面。當進行拍照或選取圖庫相片，各位就會在在相片上方螢幕頂端看到如圖的幾個按鈕：

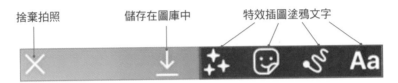

點選「插圖」😊 鈕會在相片上跳出如下的設定窗，各位可以上下滑動瀏覽各式各樣的可愛插圖。

由上往下滑動可以看到
更多類別的插圖

　　點選喜歡的圖案即可加入到相片上，插圖插入後，以大拇指和食指尖往內外滑動，可調動插圖的比例或進行旋轉。如果不滿意所插入的插圖，拖曳圖案時會看到下方有個垃圾桶，直接將圖案拖曳到垃圾桶中即可刪除。利用這些小插圖，就可以輕鬆將同一張相片裝扮出各種造型出來。

同一張相片經過不同的裝飾插圖，也能變化出多種造型

超猛塗鴉文字特效

　　年輕人就是喜歡潮而新鮮的事物，在相片中加入一些強調性的文字或關鍵字，讓觀看者可以快速抓到貼文者要表達的重點，既符合年輕人的新鮮感，也跟得上時尚潮流。如下所示，使用塗鴉方式或手寫字體來表達商品的特點，是不是覺得更有親切感！多看幾眼就在不知不覺中就將商品特色給看完了！

🎧 圖片加入塗鴉文字的說明，讓觀看者快速抓住重點

　　各位也可以在相片上寫字畫圖，把相片中美食的特點淋漓盡致地說出來，以吸引用戶的注意，這種行銷手法各位應該在 Instagram 相片中經常看得到。

　　當你使用利用「新增」⊕畫面中的「限時動態」取得相片後，按下「塗鴉」◌◌鈕即可隨意塗鴉。視窗上方有各種筆觸效果，不管是尖筆、扁平筆、粉筆、暈染筆觸都可以選用，畫錯的地方還有橡皮擦的功能可以擦除。

　　復原　🔔　⬆　🔔　🌐　🚇　完成

視窗下方有各種色彩可供挑選，萬一提供的顏色不喜歡，也可以長按於圓形色塊，就會顯示色彩光譜讓各位自行挑選顏色。文字大小或筆畫粗細是在左側做控制，以指尖上下滑動即可調整。

提供的各種筆觸

拖曳左處邊界的圓形滑鈕可控制畫筆粗細

下方色塊選擇可選擇文字或筆畫色彩

　　另外，按下「文字」Aa鈕可以加入電腦打入的文字，強調你要推銷的重點，這樣一張圖片就可以輕鬆抓住用戶的眼睛。

使用「文字」工具加入要行銷的文字

立體文字效果

這裡所謂的「立體文字」事實上是仿立體字的效果。各位只要輸入兩組相同的文字，另一組文字(黑色)放在底層，並將兩組字作些許的位移，就可以看起來像立體字一樣。

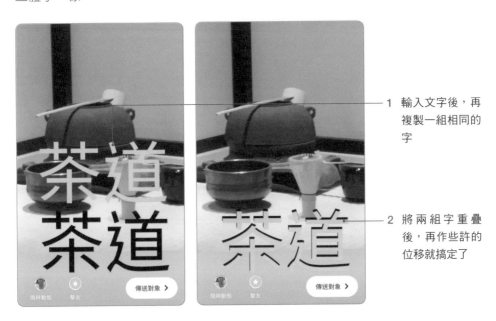

1 輸入文字後，再複製一組相同的字

2 將兩組字重疊後，再作些許的位移就搞定了

擦出相片中的引爆火花

有時相片中的內容物太多，不容易將想要強調的重點商品表現出來，那麼各位不妨試試下面的擦除技巧。請按下「塗鴉」 鈕，接著從下方的色塊中選定要使用的色彩，選定顏色後以手指長按畫面，那麼畫面就會塗上一層你所設定的色彩，如左下圖所示。

1 按「塗鴉」鈕

3 以手指長按螢幕，就會將指定色填滿整個畫面

2 選定要使用的色彩

接下來選用「橡皮擦」⊙工具，調整筆刷大小後，再擦除掉重點商品的位置，最後加入強調的標題文字，就能將主商品清楚表達出來。

1 選用「橡皮擦」工具

2 由此調整筆刷大小

3 擦除重點商品的主要部分

5-2 打造超人氣的圖像包裝藝術

Instagram 讓店家或品牌可以透過圖像向全球用戶傳遞訊息，拍攝出好的圖片更可以為你累積追蹤者及粉絲。吸睛的美照能在視覺上特別容易引起客戶的注意，因為拍攝的相片不夠漂亮，很難吸引用戶們的目光，粉絲對於重複出現的圖片會感到厭倦從而忽視你的貼文。接下來我們將提供與影音／相片有關的進階包裝技巧供各位參考，希望各位能有效的將商品印象深深烙印在追蹤者或其他用戶的腦海中。

加入 GIF 動畫

GIF 動畫是一種動態圖檔，主要是將數張靜態的影像串接在一起，在快速播放的情況下而產生動態的效果。早期網頁中的許多小插圖大都使用 GIF 動畫格式，後來因為顏色只有 256 色因而沉寂了好一陣子，最近則因為 Facebook 與 Instagram 的支援而又開始活絡起來。

當各位在「相機」功能中點選「插圖」😀 鈕，第一個頁面就是顯現各位最近使用過的插圖，以及 GIPHY 熱門動態貼圖。GIPHY 是一個在動態 GIF 圖片搜尋的引擎，有 GIF 界的谷歌之稱。它的使用方法和一般搜尋引擎一樣，用戶只要在搜尋列上輸入自己想要搜尋的主題，就能從 GIPHY 提供的成千上百張動圖中挑選貼圖來搭配。

由於 GIF 動態圖檔有清新的、搞笑的、賣萌的，選擇性相當多。GIPHY 現在也運用到 Facebook、Twitter、Instagram 等社群媒體之中。越來越多人喜歡用 GIF 來表達自己的想法，或是當心情溢於言表時，GIF 動畫是一個很好的選擇。請直接在「搜尋」列上進行搜尋。搜尋列上輸入「蛋糕」的主題，如左下圖所示，下方會顯示各種的蛋糕圖樣，點選喜歡的圖案即可在相片中加入。

1 輸入搜尋的主題「蛋糕」

2 選取要使用的 GIF 動畫圖示

3 加入後可自行縮放或旋轉角度

善用相簿展現商品風貌

Instagram 在分享貼文時，允許用戶一次發佈十張相片或十個短片，這麼好的功能店家可千萬別錯過，利用這項功能可以把商品的各種風貌與特點展示出來。如下所示的衣服販售，同一款衣服展示各種不同的色彩，衣服的細節、衣服的質感等等，以多張相片表達商品比單張相片來的更有說服力。

　　在影片部分，可以使用故事情境來做商品介紹，也可以進行教學課程，像是販賣圍巾可以教授圍巾的打法，販賣衣服可介紹商品的穿搭方式，藉此吸引更多人來觀看或分享，不但利他也利己，創造雙贏的局面。

標示時間 / 地點 / 主題標籤

　　各位在新增「限時動態」時，點選圖片上方的「插圖」 😀 鈕後，會在第二個頁面看到如左下圖的選項，點選「地點」、「＃主題標籤」、和日期三個按鈕，就可以在畫面中標示出時間、地點、與主題標籤。加入後自行調整要放置的位置、比例大小、角度，點擊標籤還會自動變更色彩與樣式。

在相片中加入主題標籤和地點是一個不錯的行銷手法，因為當其他用戶們的視覺被精緻美豔的相片吸引後，只要可以知道相片中的地點或主題，就有機會增強他們的印象。社群行銷成功關鍵字不在「社群」而是「連結」，讓相同愛好的人可以快速分享訊息，也增加了你的產品的曝光機會。

點擊標籤可以變更顯示的色彩與樣式喔

另外，你也可以在相片中將自己的用戶名稱標註上去，這樣任何瀏覽者只要點選該標籤，就可以隨時連結到你的帳號去查看其他商品。

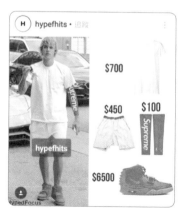

🎧 點擊灰色標籤，就可以連結到該用戶

現在也有許多人採用相互標籤的方式來增加被瀏覽的機會，也就是在圖片中加入其他人的標籤，這樣當瀏覽者點閱相片時，就會同時出現如下圖所示的標籤，增加彼此間的被點閱率。

　　相片中加入用戶標籤並不難，點選「新增」⊕頁面進行拍照後，在最後「分享」貼文的畫面中點選「標註人名」，再將自己或他人的用戶名稱輸入進去就搞定了！

創意賣相的亮點行銷

　　進行商品行銷時，要讓客戶的眼睛為之一亮，突出的創意和巧思是很重要的。用點「心機」在相片上，就可以獲得更多人的矚目。如左下圖的泰國奶茶，透過手拿的方式，不但可以看出商品的比例大小和包裝，就連同系列的茶品也能在旁邊的價目表看得一清二楚。介紹鞋款樣式，以誇大的方式讓男模站在鞋子前方，不但鞋子樣式清晰可見，也可以從男模腳上看到穿著該鞋款的帥氣模樣。

　　以「諧音」方式進行發想也是不錯的創意方式，像是「五鮮級平價鍋物」據說是利用閩南語的「有省錢」的諧音結合精緻的鍋物而成，讓饕客可以用最划算的價格滿足吃貨的味蕾。又如「筆」較厲害，是透過同音不同字的方式來描述商品。像這樣的創意和巧思融入相片或貼文之中，就能增加它的可看性和趣味性。

加入票選活動

在相片上你也可以加入投票活動喔！讓你製造問題和兩個選項，再由瀏覽者進行選擇。這樣的投票功能自從推出以後，如果你有選擇的障礙，就可以用此方式來詢問朋友的意見，也增加了彼此之間的互動。而參與投票的用戶可以知道投票所佔的比例，發問者則可以看到那些人投了哪個選項。透過這樣的方式，商家就能進行簡單的市場調查，以便了解客戶的喜好。如左下圖所示，便是商家在限時動態中所進行的「票選活動」，讓你選擇「青銅」或「銅」的鍋具。

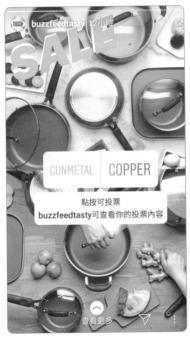
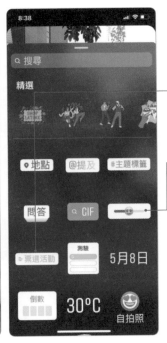

使用此功能即可進行票選的設定

滑桿方式和簡答題的互動方式可也以用喔

除了「票選活動」採用兩個選項來選擇外，還有以滑桿的方式來設定喜好程度，或是直接用問答的方式來回覆問題，三種的呈現效果如下：

奪人眼球的方格模板

Instagram 是以圖片傳達的有力工具，尤其是個人頁面的方格模板，更是可以用圖片來展現所有作品。當其他用戶在快速捲動方格模板時，若是圖片在視覺上保持一致性、簡約、高雅、又不失變化性，這樣就能夠塑造出個人風格或品牌。如左下圖所示，同一個女模分別顯現在不同的景緻中，但構圖和色彩都很唯美。而右下圖則以美食為主，整個作品呈現一致性。你也都可以透過此方式來進行個人／品牌或商品的行銷，只要專注在單一題材或風格上，並竭盡所能的深入研究，這樣其他用戶就會特別注意到你。

情境渲染的致命吸引力

Instagram 是一個能夠盡情宣洩創意的舞台，你可以多用點巧思，讓相片不只是張相片而已，而是可以訴說千言萬語的創意作品。你可以在相片中直接說明你的情緒或感染力，也可以在相片裡將你想要訴求的重點說明出來。例如：拍攝你要行銷的商品時，不妨將品牌或店家名稱也一併入鏡，這樣的一目了然，相信會在眾多的相片中就能脫穎而出，而且達到大量製造新粉絲的目的。

　　以相片進行商品宣傳時，除了真實呈現商品的特點外，在拍攝相片時也可以考慮使用情境畫面，也就是把商品使用的情況與現實生活融合在一起，增加用戶對商品的印象。就如同衣服穿在模特兒身上的效果，會比衣服平放或掛在衣架上的效果來得吸引人，手飾實際戴在手上的效果比單拍飾品來的更確切。你也可以像下方的兩個商家一樣，同時顯現兩種效果，讓觀看者一目了然。商品展示越多樣化，細節越清楚，消費者得到的訊息自然越豐富，進行購買的信心度自然大增。

⋒ 同時顯現首飾平放和穿戴的效果

又如美食的呈現，只要將大家所熟悉的手或餐具加入至畫面中，也能讓觀看者知道食物的比例大小。

6

地表最強的Hashtag行銷宮心計

隨著 Instagram 不斷擴大影響每一個人的社群行為，有經驗的小編都知道要做好 Instagram 行銷，優化標題跟描述內容是絕對不可少，但更重要的是要加入至少一個主題標籤（Hashtag），因為用戶者除了觀看追蹤名人和親朋好友外，他們還會主動去搜尋他們有興趣的 hashtag。標籤（Hashtag）是目前社群網路上相當流行的行銷工具，Hashtags 的標籤和臉書相當不一樣，不但已經成為品牌行銷重要一環，可以利用時下熱門的關鍵字，並以 Hashtag 方式提高曝光率。透過標籤功能，所有用戶都可以搜尋到你的貼文，你也可以透過主題標籤找尋感興趣的內容。目前許多企業也逐漸認知到標籤的重要性，紛紛運用標籤來進行宣傳，使 Hashtag 成為行社群行銷的新寵兒。

Instagram、Facebook 都有提供 hashtag 功能

|6-1| 標籤的鑽石行銷熱身課

主題標籤是全世界 Instagram 用戶的共通語言，他們習慣透過 Hashtag 標籤尋找想看的內容，一個響亮有趣的 Slogan 很適合運用在 IG 的主題標籤上，主題標籤不但可以讓自己的商品做分類，同時又可以滿足用戶的搜尋習慣，只需要勾起消費者點擊的好奇心，在搜尋時就能看到更多相關圖片，透過貼文搜尋及串連功能，就能迅速與全世界各地網友交流，進而增進對品牌的好感度。

店家或品牌可以在貼文裡加上會讓別人聯想到自己的主題標籤。當品牌舉辦活動時，一個響亮有趣的 Slogan 很適合運用在 IG 的主題標籤上，只需要勾起消費者點擊的好奇心，在搜尋時就能看到更多相關圖片，透過貼文搜尋及串連功能，就能迅速與全世界各地網友交流，進而增進對品牌的好感度。

貼文中加入與商品有關的主題標籤，可增加被搜尋的機會

當我們要開始設定主題標籤時，通常是先輸入「#」號，再加入你要標籤的關鍵字，要注意的是，關鍵字之間不能有空格或是特殊字元，否則會被分隔。如果有兩個以上的標籤，就先空一格後再標記第二個標籤。如下所示：

油漆式速記法 # 單字速記 # 學測指考

貼文中所加入的標籤，當然要和行銷的商品或地域有關，除了中文字讓中國人都查看得到，也可以加入英文、日文等翻譯文字，這樣其他國家的用戶也有機會查看得到你的貼文或相片。不過 Instagram 貼文標籤也有數量的限定，超過額度的話將無法發佈貼文喔！

相片 / 影片加入主題標籤

主題標籤之所以重要，是在於它可以帶來更多陌生的潛在受眾，如果希望店家的 IG 能被更多人看見，善用 Hashtags 絕對是頭號課題！很多人知道要在貼文中加入主題標籤，卻不知道將主題標籤也應用到相片或影片上，不但與內容中的圖片

相互呼應，還能鎖定想觸及的產業與目標閱聽眾。當相片／影片上加入主題標籤，觀看者點擊該主題標籤時，它會出現如左下圖的「查看主題標籤」，點選之後，IG就會直接到搜尋頁面，並顯示出相關的貼文。

1 選「#好友分享日」會出現上方的「查看主題標籤」

2 點擊「查看主題標籤」會顯示如圖的所有相關貼文

除了必用的「#主題標籤」外，商家也可以在相片上做地理位置標註、標註自己的用戶名稱，甚至加入同行者的名稱標註，增加更多的曝光的機會讓你的粉絲變多多。

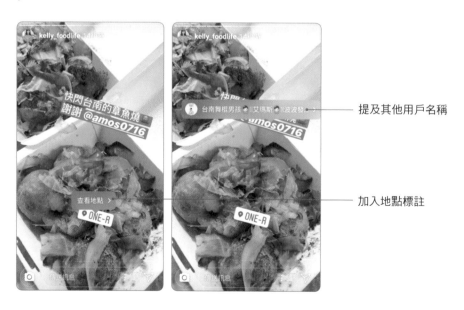

提及其他用戶名稱

加入地點標註

創造專屬的主題標籤

IG 中有無數的標籤可以任你使用；不同屬性的品牌帳號適合的主題標籤也不同，不過最重要的是哪種標籤適合各位的目標受眾，因此最好必須先行了解當前的流行趨勢。針對行銷的內容，企業也可以創造專屬的主題標籤。例如星巴克在行銷界算是十分出名的，每當星巴克推出季節性的新飲品時，除了試喝活動外，也會推出馬克杯和保溫杯等新商品，所以世界各地都有它的粉絲蒐集星巴克的各款商品。

此外星巴克在 IG 經營和行銷方面也是十分優越，消費者只要將新飲品上傳到 IG，並在內文中加入指定的主題標籤，就有機會抽禮物卡，所以每次舉辦活動時，IG 上就有上千張的相片是由消費者上傳上去的，這些相片自然而然成為星巴克的最佳廣告，像是「＃星巴克買一送一」或「＃星巴克櫻花杯」等活動主題標語便是最好的行銷。

搜尋該主題可以看到數千則的貼文，貼文數量越多就表示使用這個字詞的人數越多

這樣的行銷手法，粉絲們不但會主動上傳星巴克飲品的相片，粉絲們的追蹤者也會看到星巴克的相關資訊，宣傳效果如樹狀般擴散，一傳十，十傳百；傳播速度快而顯著，又不需要耗費太多的廣告成本，即可得到消費者廣大的回響。而下圖所示則為星巴克近期推出的「星想餐」，不但在限時動態的圖片中直接加入「星想餐」的主題標籤，也在貼文中加入這個專屬的主題標籤。

限時動態中加入星巴克專屬的主題標籤 - 星想餐

貼文之中也加入星巴克專屬的主題標籤

蹭熱點標籤的妙用

IG 的標籤是增加互動率的絕佳工具，在運用主題標籤時，除了要和自家行銷的商品有關外，各位也可以上網查詢一下熱門標籤的排行榜，了解多數粉絲關注的焦點，再依照自家商品特點蹭入適合的標籤或主題關鍵字，這樣就有更多的機會被其他人關注到。千萬不要隨便濫用標籤，例如加入「＃吃貨」這個主題標籤的貼文就多達 694K，這麼多的貼文當中，你的貼文要被看到的機會實在不容易；或是放入與你的產品完全不相干的主題標籤，除了在所有貼文中顯得突兀外，也會讓其他用戶產生反感。

經營 IG 的一個大重點是你必須讓貼文內容被越多人看到越好，例如貼文有提到其他品牌或是某知名網紅，建議可以在貼文中標籤他們，快速增加店家粉絲量，對大品牌或網紅而言，也喜歡用戶可以標籤他們，也能帶來導流的效果。善用標籤幫助「自然觸及」增長，用意不是為了觸及更多的觀眾，而是為了觸及目標觀眾，這種方法不需要廣告費用便有大量可能觸及用戶。基本上，標籤數越多接觸點就會更多。雖然每篇 Instagram 貼文的標籤上限為 30 個，還是要謹慎地使用合適的主題標籤。剛開始使用 IG 時，如果不太曉得該如何設定自己的主題標籤，那麼先多多研究同類型的對手使用那些標籤，再慢慢找出屬於自己的主題標籤。

主題標籤的設定大有學問，多多研究他人 tag 的標籤，可以給你很多的靈感

|6-2| IG 玩家 Hashtag 的粉絲掏錢秘訣

當各位努力設計一個具有品牌特色的標籤，相關程度較高的標籤毫無疑問地能為你的貼文與品牌帶來更多曝光機會，切記不要使用與品牌或產品不相關的標籤，最有效的主題標籤是一到二個，數量過多會降低貼文的吸引力。如果各位能更進一步創造出原創的主題標籤，並持續與粉絲互動，然後長期地強化它的情感連結，邀請消費者貼文標註，不但能增加曝光度，還可以提高品牌忠誠度，進而成功將商品或服務透過網路推播出去。

不可不知的熱門標籤字

在 IG 的貼文中，有些標籤代表著特別的含意，搞懂標籤的含意就可以更深入 Instagram 社群。由於主題標籤的文字之間不能有空格或是特殊字元，否則會被分隔，所以很多與日常生活有關的標籤字，大都是詞句的縮寫。還有用戶之間期望相互支持按讚，增加曝光機會的標籤，各位可以了解一下但不要過度濫用，例如：#followme 的標籤就因為有被檢舉未符合 Instagram 社群守則，所以 #followme 的最新貼文都已被 IG 隱藏。

- #likeforlike 或是 #like4like：表示「幫我按讚，我也會按你讚」，透過相互支持，推高彼此的曝光率。

- #tflers：表示「幫我按讚（Tag For Likers）」。

- #followforfollow 或 f4f：表示「互讚互粉」。

- #bff：Best Friend Forever，表示「一輩子的好朋友」，上傳好友相片時可以加入此標籤。

- #Photooftheday：表示「分享當日拍攝的照片」或是「用手機記錄生活」。

- #Selfie：Self-Portrait Photograph，表示「自拍」。

- #Shoefie：將 Shoe 和 Selfie 兩個合併成新標籤，表示「將當天所穿著的美美鞋子自拍下來」。

- #OutfitLayout：OutfitLayout 是將整套衣服平放著拍照，而非穿在身上。不喜歡自己真實面貌曝光的用戶多會採用此方式拍照服裝。

- #Twinsie：表示像雙胞胎一樣，同款或同系列的穿搭。

- #ootd：Outfit of the Day，表示當天所穿著的紀錄，用以分享美美的穿搭。

- #Ootn：Outfit of the Night，表示當晚外出所穿著的紀錄。

- #FromWhereIStand：From Where I Stand，表示從自己所站的位置，然後從上往下拍照。可拍攝當日的衣著服飾，使上身衣服、下身裙/褲、手提包、鞋子等都入鏡。也可以從上往下拍攝手拿飲料、美食的畫面。

- #TBT：Throwback Thursday，表示在星期四放上數十年前或小時候的舊照。

- **#WCW**：Woman Crush Wednesday，表示「在星期三上傳自己心儀女生或女星的相片欣賞」。

- **#yolo**：You Only Live Once，表示「人生只有一次」，代表做了瘋狂的事或難忘的事。

　　各位也可以上網查詢一下熱門標籤的排行榜，了解多數粉絲關注的焦點，再依照自家商品特點加入適合的標籤或主題關鍵字，這樣就有更多的機會被其他人關注到。目前 Android 手機或 iPhone 手機都有類似的 Hashtag 管理 App，各位不妨自行搜尋並試用看看，把常用的標籤用語直接複製到自己的貼文中，就不用手動輸入一大串的標籤。

Play 商店中有各種 Hashtag 管理的 App 可以試用

運用主題標籤辦活動

　　時至今日，主題標籤已經成為 Instagram 貼文中理所當然的風景之一，店家想要做好 IG 行銷的話，肯定必須重視主題標籤的重要性。例如當品牌舉辦活動時，商家可以針對特定主題設計一個別出心裁而具特色的標籤，一個響亮有趣的 Slogan

就很適合運用在 IG 的標籤行銷！只要消費者標註標籤，就提供折價券或進行抽獎。這對商家來說，成本低而且效果佳，對消費者來說可得到折價券或贈品，這種雙贏的策略應該多多運用。如下圖所示，「森林小熊曲奇餅」的抽獎活動與抽獎辦法，參與抽獎活動的就有 1800 多筆。

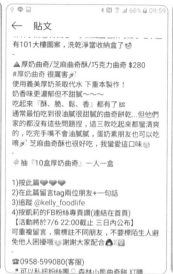

活動辦法中也要求參加者標註自己的親朋好友，這樣還可將商品延伸到其他的潛在客戶。不過在活動結束後，記得將抽獎結果公布在社群上以昭公信。

另外，企業舉辦行銷活動並制定專屬 Hashtag，就要盡量讓 Hashtag 和這次活動緊密相關，並且用簡單字詞、片語來描述，透過 Hashtag 標記的主題，馬上可以匯聚了大量瀏覽人潮，不過最有效的主題標籤是一到二個，數量過多會降低貼文的吸引力。

主題標籤（#）搜尋

除了使用「關鍵文字」進行探索外，也可以使用「主題標籤」來進行探索。只要在字句前加上 #，就會連結所有公開的內容，我們可以把它視為標記「事件」，透過標籤功能來搜尋主題，所有用戶都可以輕鬆搜尋到你的貼文。例如輸入「# 劉德華」，那麼所有貼文中有「劉德華」二字的相片或影片都會被搜尋到：

主題標籤（#）搜尋

　　知己知彼，百戰百勝！研究和剖析相同領域的產品，才能接觸更多潛在的消費群，達到行銷效果。所以經營 Instagram 之前，先對相同領域的主題與標籤進行瀏覽與研究，可以清楚知道對手的行銷手法與表現方式，好的表現方式可以記錄下來，當作自己行銷的參考，不好的行銷方式也可以作為自己的借鏡，讓自己不要犯錯。

　　「主題標籤」的使用並不限定於中文字，加入英文、日文等各國文字可以吸引到外國的觀光客注意。另外，留意目標使用者經常搜尋的熱門關鍵字，適時地將這些與你商品有關的關鍵字加至貼文中，像是地域性的關鍵字、與情感有關的關鍵字等，也許能增加不少被瀏覽的機會。

最霸氣的「限時動態」
贏家業績私房秘笈

除了靜態的照片分享，Instagram 也提供了「限時動態」的模式，可以讓用戶用短片、動態圖片的方式來分享自己的故事，「限時動態」功能相當受到年輕世代的喜愛，它能讓用戶以動態方式來分享創意影像，特別是能夠讓品牌在一天之中多次地與粉絲進行短暫又快速的互動，吸引粉絲們的注意力。限時消失功能是源自於相當受到歐美年輕人喜愛的 SnapChat 社群平台，限時動態功能會將所設定的貼文內容於 24 小時之後自動消失。相較於永久呈現在動態時報的照片或影片，年輕人應該更喜歡分享稍縱即逝的動態模式。

Disney 的限時動態相當多樣化

7-1 認識限時動態功能

對品牌行銷而言,如果要吸引主動客群,務必使用限時動態,並且每一天都應該要發布,讓用戶產生黏著度。限時動態不但已經成為品牌溝通的重要管道,正因為限時動態是 24 小時閱後即焚的動態模式,會讓用戶更想常去觀看「當下分享當下生活與品牌花絮片段」與掌握「不趕快看就沒有了」的用戶心理的限時內容,最好的限時動態就是一個「故事」,有開頭、有中間、有結尾,如果配合運用濾鏡的創意傳播更能觸及到陌生的使用者,讓你的粉絲數持續上升。

店家別忘了每天製造點小故事或亮點,飢餓行銷(Hunger Marketing)反而會讓用戶更關注限時動態,善用限時動態分享自家商品,並打造出「限時限量」的商品特色,不自覺中在粉絲心中留下深刻的印象!

> **Tips**
>
> 「稀少訴求」(Scarcity Appeal)在行銷中是經常被使用的技巧,飢餓行銷(Hunger Marketing)是以「賣完為止、僅限預購」這樣的稀少訴求來創造行銷話題,製造產品一上市就買不到的現象,利用顧客期待的心理進行商品供需控制的手段,讓消費者覺得數量有限而不買可惜。

各位想要發佈自己的「限時動態」,請在首頁上方找到個人的圓形大頭貼,按下「你的限時動態」鈕或是按下⊕「新增」鈕就能切換到新增限時動態的頁面,再自行選擇照相或是直接找尋相片來進行分享。

尚未做過限時動態的發表可按此大頭貼,有發佈過限時動態,則可以按此鈕觀看已發佈的限時動態

進入發佈「限時動態」狀態後,想要有趣又有創意的特效,可以左右滑動挑選自己想要的特效,或是想要自拍,只要將鏡頭進行切換即可,當想要的效果確定後,按下畫面下方的圓形按鈕即可進行拍攝,拍攝完成後,按下「限時動態」就會發布出去,或是按下「摯友」傳送給好朋友分享。

2　按此鈕進行影片拍攝

1　選取要套用的效果

4　選擇分享的方式

立馬享受限時動態

　　限時動態最有趣的地方，是讓你可以在靜態圖片上添加很多創意，當你將限時動態的內容編輯完成後，按下頁面左下角的「限時動態」鈕，就會將畫面顯示在首頁的限時動態欄位。這些限時動態的相片 / 影片，會在 24 小時候從你的個人檔案中消失，不過你也能在 24 小時內儲存你所上傳的所有限時動態喔！

編輯完成的畫面，
按下「限時動態」
鈕就可傳送出去

　　隨時放送的「限時動態」，目的就是讓粉絲看見與自己最相關的內容，店家隨時可以發表貼文、圖片、影片或開啟直播視訊，讓所有的追蹤者得知你的訊息或是想傳達的思想理念。

限時動態可以透過一連串的相片／影片串接而成呦

這裡可以看到帳號與倒數的時間

這裡可以直接傳送訊息

　　店家面對 IG 的高曝光機會，更該善用「限時動態」的功能，為品牌或商品增加宣傳的機會，擬定最佳的行銷方式，在短暫幾秒中內迅速抓住追蹤者的目光。由於拍攝的相片／影片都是可以運用的素材，加上 IG 允許用戶在限時動態中加入文字或塗鴉線條，也有提供插圖功能，或者可加入主題標籤、提及用戶名稱、地點、票選活動等各種物件，甚至還提供導購機制，讓使用者「往上滑」來「了解更多」或「去逛逛」品牌官網，讓商家可以運用各種創意手法來進行商品的行銷。整合以上元素，粉絲對於品牌的忠誠度和相關資訊的參與度自然也會有更多認同感。如下所示，便是各位經常在限時動態中常看到的效果，接下來就是要來和各位探討如何運用限時動態來創造商機，讓你掌握行銷先機，搶先跟上時尚潮流。

使用編排的畫面也沒問題

相片加入文字說明與塗鴉線條

影片中提及商家的資訊

企業商家可加入導外機制

儲存／刪除限時動態

至於已傳送出去的「限時動態」，各位可以在「首頁」的個人大頭貼裡進行觀看，當出現限時動態畫面時，按下右下角的「　」鈕將會出現如圖的功能選單，由此就可以針對目前的限時動態進行「儲存」或「刪除」的動作。

限時訊息悄悄傳

Instagram 除了「限時動態」功能廣受大家青睞外，還有一項「Direct」限時訊息悄悄傳的功能也非常受到大家的注目。各位可以悄悄和特定朋友分享現實中的相片／影片，當朋友悄悄傳送相片或影片給你，你就能在「悄悄傳」部分查看內容或回覆對方，不過悄悄傳每次傳送的內容最多只可以觀看 2 次，且超過 24 小時後即自動刪除、無法再被觀看或儲存照片。由於很多人習慣在任何時間與他人分享照片或影片，但同時又希望保有隱私性，「悄悄傳」功能既可滿足用戶的需求，也帶來更有趣且具創意的體驗。

各位想要使用「Direct」功能，請由「首頁」 ![home icon] 的右上角按下 ![direct icon] 鈕，進入 Direct 頁面後找到想要傳送的對象，按下後方的相機 ![camera icon] 就能啟動拍照的功能，或是透過「文字」或圖庫進行傳送。

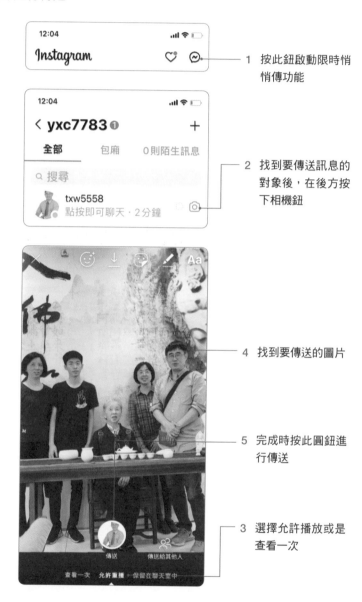

1 按此鈕啟動限時悄悄傳功能

2 找到要傳送訊息的對象後，在後方按下相機鈕

4 找到要傳送的圖片

5 完成時按此圓鈕進行傳送

3 選擇允許播放或是查看一次

「限時訊息悄悄傳」的功能僅能傳送給部分朋友，而非直接發表在限時動態當中供所有朋友觀看。當對方收到訊息後可以直接進行回覆並回傳訊息給傳送者。

訊息悄悄傳後,可直接點選用戶名稱查看傳送的內容,也可以點擊此處進行聊天

插入動態插圖

　　限時動態其實像是一種介於圖片跟影片之間的內容表現形式,在限時動態的表現上,原本普通的推播廣告也可以做得令人驚艷,例如可以由一連串的相片 / 影片所組成,利用「插圖」😊 鈕可在相片 / 影片中添加各種插圖,不管是靜態或動態的插圖都沒問題,而按下「GIF」鈕可到 GIPHY 進行動態貼圖的搜尋,成千上萬的動態貼圖任君挑選使用,不用為了製作素材而大傷腦筋。

按此鈕進行動態貼圖的搜尋

　　「插圖」😊 功能除了精緻小巧的貼圖可添加限時動態的趣味性外,運用「主題標籤」和「@ 提及」功能,都能讓觀賞者看到商家的主題名稱與用戶資訊,也能讓整個畫面看起來更有層次感,增添畫面的樂趣,貼文更生動。

插入動態貼圖讓
拍攝的影片增添
層次感和豐富度

|7-2| 限時動態的拉客必勝錦囊

對品牌行銷而言，「限時動態」不但已經成為品牌溝通重要的管道，正因為限時動態是 24 小時閱後即焚的動態模式，會讓用戶更好奇想常去觀看「即刻分享當下生活與品牌花絮片段」的限時內容，很多品牌都會利用限時動態發布許多趣味且話題性十足的內容來創造話題或新商機。

票選活動或問題搶答

「插圖」😊 功能裡所提供的「票選活動」，商家不妨多多運用在商品的市調上，簡單的提問與兩個選項的答覆，讓商家可以和追蹤者進行互動，同時了解客戶對商品的喜好。當然就如同交朋友一樣，從共同話題開始會是萬無一失的方法，這樣同時可以收集用以規劃未來數位行銷活動的寶貴數據。

「票選活動」可以
讓商家進行「提問」
與「答案」的設定

限時動態中，
「票選活動」
的實際應用

另外，「問題」功能也是與粉絲互動的管道之一，只要輸入疑問句，下方就可以讓瀏覽者自行回覆內容，設定問題時還可以自訂色彩，以配合整體畫面的效果。

限時動態中，
「問題」的實
際應用

商家資訊或外部購物商城

在限時動態中，店家可以輕鬆將相關資訊加入，運用「@ 提及」讓瀏覽者可以輕鬆連結至該用戶。加入主題標籤可進行行銷推廣，另外 IG 也開放廣告用戶在限時動態中嵌入網站連結的功能，讓追蹤者在查看你的限時動態的同時，可以輕按頁面下方的「查看更多」鈕，就能進入自訂的網站當中，自然在潛移默化中引導用戶滑入連結，而導入的連結網站可以是購物網站或產品購買連結，以提升該網站的流量，增加商品被購買的機會。不過這種功能只開放給企業帳號，並且需要擁有10000 名以上的粉絲人數，個人帳號目前還不能使用喔！

加入主題標籤　　　　　　　　提及用戶

導入外部連結，讓用戶直接前往購物商城消費

創意就是要打破已建立的框架，並用一個全新的角度去看產品，接著運用創意並適時的導入行銷資訊，讓店家品牌或活動主題增加曝光機會，以限時動態來推廣限時促銷的活動，除了帶動買氣外，「好康」機會不常有，反而會讓追蹤者更不會放過每次商家所推出的限時動態。

IG 網紅直播

直播功能自從推出之後，讓用戶在任何時刻都能以輕鬆有趣的方式分享現場實況。很多企業網紅也都開始藉由直播方式來即時分享品牌，讓潛在的客戶能夠更深入了解，進而支持並提升客戶的滿意度。由於社群平台在現代消費過程中已扮演一個不可或缺的角色。

隨著網紅行銷（Influencer Marketing）的快速風行，許多品牌選擇借助網紅來達到口碑行銷的效果，網紅通常在網路上擁有大量粉絲群，就像平常生活中的你我一樣，加上了與眾不同的獨特風格，很容易讓粉絲就產生共鳴，使得網紅成為人們生活中的流行指標，平日是粉絲的朋友，做生意時他們搖身一變成為網路商品的代言人，而且可以向消費者傳達更多關於商品的評價和使用成效。

⋒ 阿滴是台灣網路英語教學最知名的網紅

Tips

網紅行銷（Influencer Marketing）算是各大品牌近年來最常使用的行銷手法，就像過去品牌找明星代言，主要是透過與藝人結合，提升商品與品牌價值。相對於企業砸重金請明星代言，網紅的曝光率與收益逐漸追上明星的腳步，今天素人網紅的推薦甚至可以讓廠商業績翻倍，各大廣告廠商看中網紅經濟的趨勢，也紛紛將大量的資金投入網路平台上，逐漸地取代過去以明星代言的行銷模式。

當你的追蹤對象分享直播時，可以從他們的大頭貼照看到彩色的圓框以及 Live 或開播的字眼，點選大頭貼照就可以看到直播視訊。

你的追蹤對象如有開直播，可從他的大頭貼看到看到彩虹圓框，若在限時動態中分享直播視訊會顯示播放按鈕

很多廠商經常將舉辦的商品活動和商品使用技巧等直播的方式，來活絡商品與粉絲的關係。粉絲觀看直播視訊時，可在下方的「傳送訊息」欄中輸入訊息，也可以按下愛心鈕對影片説讚。

觀賞者可在「傳送訊息」欄上輸入訊息或加入表情符號

直播影片時，用戶留言都會在此顯現

顯示按讚的情況

如果各位自己來玩直播，按下首頁下方的「⊕」鈕，接著由下方切換到「直播」模式，直播過程中，IG 就會自動通知你的粉絲，畫面頂部也會顯示觀眾人數。

抓住 3 秒打動全世界

　　現代人都喜歡看有趣的影片，影音視覺呈現有效吸引大眾的眼球，比起文字與圖片，影片的傳播更能完整傳遞商品資訊，而好的影片更是經常被網友分享到其他的社群網站，增加品牌或商品的可見度。由於現在是一個講求效率的時代，很有人沒有耐性去看數十分鐘甚至一小時以上的宣傳影片，所以 30-60 秒的影片長度最為合適，不但可以讓他人更快速了解影片所要傳遞的訊息，也能方便網友「轉寄」或「分享」給其他朋友。

　　各位想要在影音短片中快速且輕鬆抓住觀眾的心，影片開頭或預設畫面就要具有吸引力且主題明確。在這「有圖有真相」的世代，影片畫面須在幾秒內就要吸睛，特別是影片的前三秒，只要標題或影片夠吸引人，就可能讓觀賞者繼續觀賞下去。當然，影片的品質不可太差，同時要能在影片中營造出臨場感與真實性，能夠從觀眾的角度來感同身受，這樣才能吸引觀眾的目光，甚至在短時間裡衝出高點閱率，進而創造新聞話題或造成轟動。如下的限時動態，U 周刊只強調標題－名人的訪問，以刺激粉絲購買的慾望。而右圖中按下「TAP HERE」鈕，還可直接查看貼文的內容。

斗大的標題不動，只有手持的周刊上下移入移出

誘人的紅燒牛肉麵影片，按下中央的「TAP HERE」鈕可直接查看貼文內容

相片 / 影片的吸睛巧思

使用「限時動態」的功能進行宣傳時，除了透過IG相機裡所提供的各項功能可進行多層次的畫面編排外，你也可以將拍攝好的相片 / 影片先利用「儲存在圖庫」 ⤓ 鈕儲存在圖庫中，以方便後製的處理編排，也可以透過其他軟體編排組合後再上傳到IG上來發佈，雖然步驟比較繁複，但是畫面可以更隨心所欲的安排，透過無限的創意發想，把想要傳達訊息淋漓盡致地呈現出來。

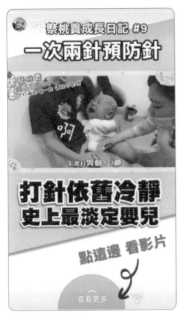

典藏限時動態

Instagram的「限時動態」功能，因為可以在發文的同時，直接在相片上做塗鴉或輸入文字，但是貼文卻是在限定的24小時內就會自動刪除。因此緣故，Instagram又推出了限時動態典藏的功能，讓用戶可以從典藏中查看限時動態消失的內容。各位要將限時動態典藏起來，請在「個人」頁面右上角按下 ☰ 鈕，點選「設定」後，在「設定」畫面中選擇「隱私設定」，接著選擇「限時動態」，在畫面中確認「將限時動態儲存到典藏」的功能有被開啟，這樣就可以搞定。

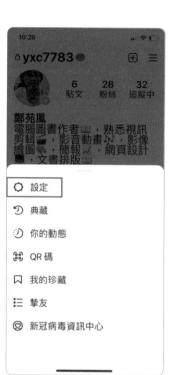

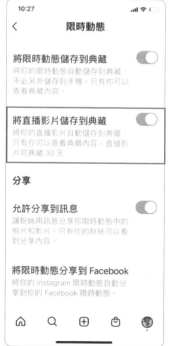

此外，在「限時動態」的頁面中，如果有開啟「允許分享到訊息」的功能，可以讓其他用戶以訊息方式分享你限時動態中的相片或影片。若有開啟「將限時動態分享到 Facebook」的選項，那麼會自動將限時動態中的相片和影片發佈到臉書的限時動態中。要注意的是，連結到臉書後，你按別人相片的愛心也會被臉書上的朋友看到，如果不是以商品行銷為目的，那麼建議「將限時動態分享到 Facebook」的選項關掉。

確認「儲存到典藏」的功能被開啟後，下回你想查看自己典藏的限時動態，可在個人頁面右上方按下三鈕，就可以進入到「典藏」的頁面。

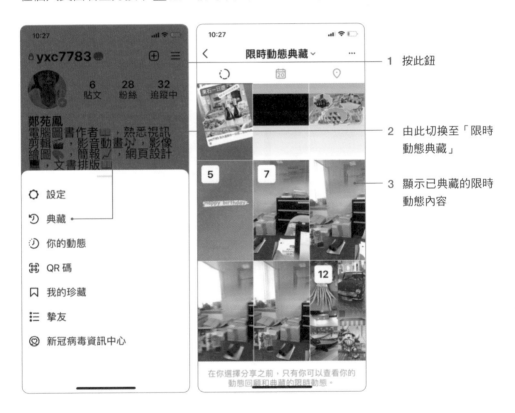

1　按此鈕

2　由此切換至「限時動態典藏」

3　顯示已典藏的限時動態內容

Instagram 的「典藏」功能除了典藏限時動態外，也可以典藏貼文。此功能也能夠將一些不想顯示在個人檔案上的貼文保存下來不讓他人看到。要典藏貼文，請在相片右上角按下「選項」鈕 ⋯ 鈕，當出現如左下圖的視窗時點選「典藏」指令就可以辦到。當你將貼文典藏之後，若要查看典藏的貼文，一樣是在個人頁面按下 ☰ 鈕進入典藏頁面，下拉就可以進行限時動態典藏或貼文典藏的切換，如右下圖所示。

新增精選動態

長期經營限動的品牌，每日更新的限時動態眾多，如果不想失去這些瞬間畫面，店家可以將先前分享的限時動態整理為精選動態，而這些精選回顧還能依照主題分門別類，並放在個人檔案上。小編們想要精選限時動態的方式有兩種，一個是當你發佈限時動態後，從瀏覽畫面的右下角按下「精選」鈕，接著會出現「新的精選動態」，請輸入標題文字後按下「新增」鈕，就會將它保留在你「個人」檔案上，除非你進行刪除的動作。

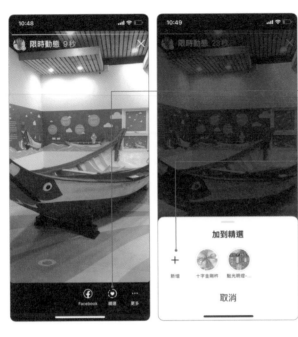

1　瀏覽限時動態時按下「精選」鈕

2　按下「新增」鈕，接著就可以輸入名稱，確認無誤後再按下「新增」鈕

精選動態會在商業檔案上以圓圈顯示，用戶點按後便會以獨立的限時動態形式播放。另外，你也可以在「個人」頁面按下「新增」鈕，如左下圖所示，接著點選你要的限時動態畫面，按「下一步」鈕，再輸入限時動態的標題，按下「完成」鈕就可以完成精選的動作，而所有精選的限時動態就會列於你個人資料的下方。

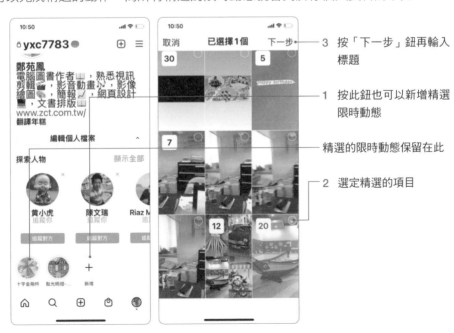

3　按「下一步」鈕再輸入標題

1　按此鈕也可以新增精選限時動態

精選的限時動態保留在此

2　選定精選的項目

製作精選動態封面

　　精選的限時動態顯示在個人資訊下方，當其他用戶透過搜尋或連結方式來到你的頁面時，訪客可以透過這些精選的內容來快速了解你，許多店家或網紅喜歡在「精選動態」上有點小巧思，就會特別設計封面。各位不妨做出獨一無二的精選動態的封面圖示，讓封面圖示呈現統一而專業的風格。如下二圖所示，左側以漸層底搭配白色文字呈現，而右側以白色底搭配簡單圖示呈現，看起來簡潔而清爽，你也可以特別設計不同的效果來展現你的精選動態。

精選動態的封面圖示，顯示統一的風格

　　想要變更你的精選動態封面並不困難，但必須預先設計好圖案，然後將圖片上傳到手機存放相片的地方備用。如果你習慣使用手機，也可以直接從手機搜尋喜歡的背景材質，利用您的手機所支援的螢幕擷取指令（每一款手機的螢幕擷取指令都會有所不同），再從 IG 圖庫中叫出來加入文字和圖案，最後儲存在圖庫中就搞定了。

　　備妥圖案後，接下來你可以從 IG 的個人頁面上長按要更換的精選動態封面上，或是在觀看精選動態時按下右下角的「⋯ 更多」鈕，就可以在顯示的視窗中點選「編輯精選」指令。

　　點選「編輯精選」指令後，接著按下圓形圖示編輯封面，按下圖中的圖片 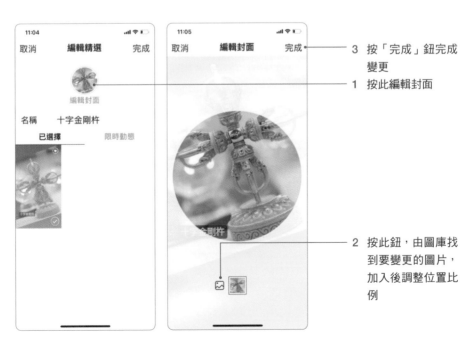 鈕，從圖庫中找到要替換的相片，調整好位置最後按下「完成」鈕即可完成變更動作。

3 按「完成」鈕完成變更

1 按此編輯封面

2 按此鈕，由圖庫找到要變更的圖片，加入後調整位置比例

精選限時動態的新瓶裝舊酒

「限時動態精選」可以將你最愛的限時動態保留在個人檔案上，把好的動態作品保留下來，這樣在進行行銷時就可以輕鬆派上用場。對於社群行銷來說，「限時動態」是重要的曝光管道，店家可以將貼文、圖片、視訊等，與店家相關的促銷活動或資訊快速傳播出去，每次準備在限時動態上分享產品或要行銷的訊息時，必須認真思考粉絲「當下使用手機時會想看到什麼內容？」，建議行銷人員可以從追蹤者的角度出發來挑選每次的題材，並且善用「限時動態」功能，不但可以快速提高商家的知名度和曝光率，還可以增加實體店面的業績。

相信精選限時動態一定還有許多漏網之魚的粉絲錯過，各位一定想知道精選限時動態是否可以利用新瓶裝舊酒模式來使用嗎？請在「個人」頁面上長按精選動態的圓形圖示，就會出現如左下圖的功能選單。選擇「傳送給……」的選項即可撰寫訊息，將精選動態傳送給指定的人。

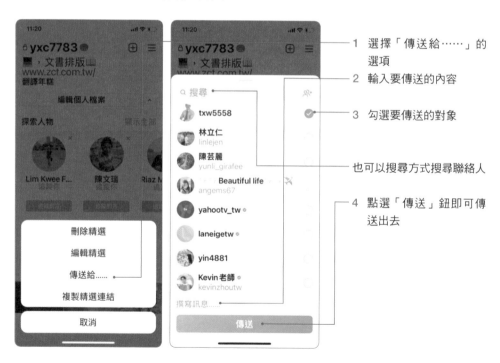

1 選擇「傳送給……」的選項

2 輸入要傳送的內容

3 勾選要傳送的對象

也可以搜尋方式搜尋聯絡人

4 點選「傳送」鈕即可傳送出去

另外，選擇「複製連結」的選項會將連結拷貝到剪貼簿中，再到你要貼入社群軟體中進行「貼上」即可，如下所示是貼入 LINE 軟體所呈現的效果。

已發佈的貼文新增到限時動態

許多人都習慣用 IG 限時動態分享生活，經常玩 IG 的人可能看過以下的限時動態畫面，只要點選畫面，就會自動出現「查看貼文」的標籤，觀賞者按下「查看貼圖」鈕就可前往該貼文處進行瀏覽。透過這樣的表現方式，可以讓用戶將受到大眾喜歡的貼文再度曝光一次。

提示觀賞者可以點選圖片

點擊圖片會出現「查看貼文」標籤，點選標籤自動連接至該貼文

想要做出這樣的效果並不困難，請在「個人」頁面中切換到「格狀排序」，並找到想要使用的貼文。

2 點選「格狀排序」

3 點擊要再發佈的貼文

1 點選「個人」頁面

當你點擊要發佈到限時動態的貼文時，IG 會出現如左下圖的畫面，此時按下「分享」▽鈕會顯示右下圖的畫面，接著請選擇「將貼文新增到你的限時動態」指令。

這時點擊畫面可決定讓你的用戶名稱顯示在畫面的上方或下方，你也可以調整畫面的比例大小或加入其他的插圖、文字或塗鴉線條，最後按下左下角的「限時動態」鈕就完成設定動作。

可再加入其他物件

點擊畫面可將用戶名稱顯示於下方

也可以讓用戶名稱顯示於上方

可調整畫面比例大小

設定完成後檢視你的限時動態，只要點擊畫面就能出現「查看貼文」的標籤囉！

IG 限時動態 / 貼文分享至 Facebook

　　行銷的本質是「連結」，對於不同受眾需要以不同平台進行推廣，因此社群平台的互相結合，能讓消費者討論熱度延續更長的時間，理所當然成為推廣品牌最具影響力的管道之一。建議各位將 Facebook、Twitter、Tumblr 等社群網站都加入成為會員，了解顧客需求並實踐顧客至上的服務，只要有行銷活動就將訊息張貼到各社群網站，或是讓這些社群相互連結，一旦連結的很成功，「轉換」就變成自然而然，如此一來就能增加網站或產品的知名度，大量增加商品的曝光機會。

　　在 Instagram 發佈的貼文也能同步發佈到 Facebook、Twitter、Tumblr、Amerba、OK.ru 等社群網站，手機上只要在「設定」頁面中點選「帳號」，就會看到左下圖的頁面，接著點選「分享到其他應用程式」，同時顯示你已設定連結或尚未連結的社群網站。對於尚未連結的社群網站，只要你有該社群網站的帳戶和密碼，點選該社群後輸入帳號密碼，就能進行授權與連結的動作，這樣在做行銷推廣時，不但省時省力，也能讓更多人看到你的貼文內容。萬一不想再做連結，只要點選社群網站名稱，即可選取「取消連結」的動作。

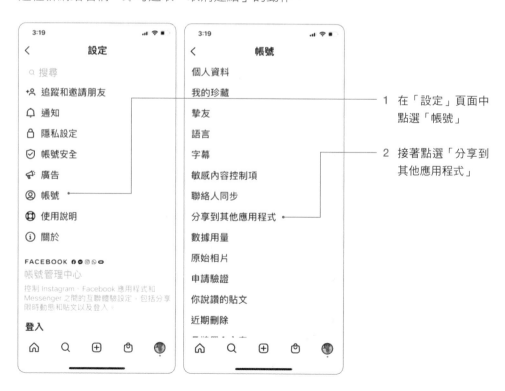

1　在「設定」頁面中點選「帳號」

2　接著點選「分享到其他應用程式」

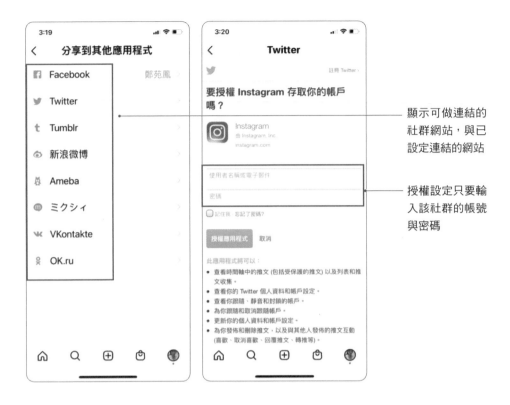

顯示可做連結的
社群網站，與已
設定連結的網站

授權設定只要輸
入該社群的帳號
與密碼

　　當你從 IG 連結到其他社群網站後，你還可以針對偏好進行設定。以 Facebook 為例，當你完成 FB 的連結，並點選該網站（如左上圖所示），就會進入 Facebook 選項的頁面，如果你有多個粉絲專頁，可以在此選擇要分享的個人檔案或粉絲專頁。另外在「自動分享」部分，開啟「你的 Instagram 限時動態」和「你的 Instagram 貼文」兩個選項，就能自動將你的相片和影片分享到臉書囉！

1 點選已完成連結的社群

2 如果你有多個粉絲專頁,可以在此選擇要分享的個人檔案或粉絲專頁。

一次到位的IG逆天
行銷術與實戰SEO

網路行銷（Internet Marketing）的本質其實和傳統行銷一樣，最終目的都是為了影響「目標消費者」（Target Audience）的購買行為，而差別只在於溝通工具的不同。IG 行銷主要是透過網路整合文字、聲音、影像與圖片，讓行銷的標的變得更生動與即時，由於藝術特效的加持，它讓使用者輕鬆捕捉瞬間的訊息然後與朋友分享，也可以追蹤親友了解他們的近況，還能探索全球各地的帳號，從中瀏覽自己喜歡的事物。店家與行銷人員只要能把消費者心裡想的東西變成視覺創意，再變成活動內容的核心，就有機會創造效益。本章中將提供 IG 行銷的贏家私房秘技供各位參考，期望大家都能夠經營有所得，商品強強滾。

⭕ Instagram 用戶陶醉於 IG 優異的視覺效果

8-1 不藏私的店家必殺技

Instagram 的崛起，代表用戶對於影像社群的興趣開始大幅提升，Instagram 比較適合擁有實體環境展示空間的產品，大量產品和配件可以在同一個畫面中顯示的美學類品牌，尤其是經營與時尚、旅遊、餐飲等產業相關的品牌。Instagram 行銷並不難，各位如果想要利用 IG 社群網站來行銷自家商品，只要善用這些技巧並掌握用戶特性，小品牌也能快速建立知名度，並獲得更多的客源與支持度。

⌾ 麥當勞的風格都是以歡樂、溫馨、童心的暖色系為鋪陳

了解粉絲的期待

了解顧客的心理與需求後，在規劃和製作行銷內容時就必須時時以顧客為本位來著想，能符合顧客需求的商品才是好商品，才容易引起共鳴。由於許多人都是利

用零碎時間上網瀏覽社群，所以貼文內容最好有對照比較，這樣消費者較容易做出消費決策。消費者都有貪小便宜的念頭，越是俗擱大碗，就越有動機購買，像是清潔用品、化妝保養品、減重美容等，讓消費者感受優惠價格差別，就容易讓消費者投射自己的期望。

有比較對照的畫面，消費者越能節省心思判斷，快速做出消費決策

　　商家有時也會以「賣完為止、僅限預購」來創造行銷話題，製造產品一上市就缺貨的現象，促進消費者購買該產品的動力，讓消費者覺得數量有限不買可惜。例如麥當勞為慶祝世界球后戴資穎奪冠，宣布 2018 年 8 月 31 日上午 10:30 至晚上 23:59 止，到麥當勞「出示貼文」就可以大麥克買 1 送 1。這樣的行銷活動引起民眾如暴風般的關注與回應，全台 400 家的麥當勞櫃台都出現了長長的人龍排隊搶購，不但上了新聞媒體，麥當勞隨後更加碼「主餐單點買一送一」的優惠。

麥當勞慶祝戴資穎奪冠的「大麥克買 1 送 1」活動，創造行銷的最佳典範，行銷效果像病毒般的快速入侵消費者市場

此外，如左下圖的「好康贈獎」，傳送訊息就有機會獲得兩項商品，點讚、留言、分享貼文也有好康，透過這樣的廣告宣傳就能快速增加追蹤人數，而右下圖則是針對職場新鮮人所推出的免費課程說明會。

行動召喚鈕

　　行銷活動的目的不外乎是希望增加客源，讓訂單數量可以攀升。所以通常在行銷廣告中都會擺放一個明顯的按鈕或連結，目的就是導引用戶完成某些特定的動作來換取更高的價值，為網站帶來更多的流量，例如：「傳送訊息」、「立即安裝」、「瞭解詳情」、「瀏覽 Instagram 商業檔案」等按鈕，讓商家透過此按鈕收集到用戶名稱、電郵、電話等資訊，以用於將來的行銷活動。

IG 的行動按鈕都擺放在相片 / 影片下方

　　這些行動召喚鈕（Call-to-Action, CTA）的目的是希望訪客去達到某些目的的行動，與召喚消費者去採取某些有助消費的活動，例如故意將訪客引導至網站策劃的「到達頁面」（Landing Page）會有特別的 CTA，讓訪客參與店家企劃的活動，通常會擺放在明顯的地方，並以對比鮮豔的色彩標示來吸引人注意。

Tips ————————————————————————

Landing Page（到達頁）就是使用者按下廣告後直接到達的網頁，到達頁和首頁最大的不同，就是到達頁只有一個頁面就要完成讓訪客馬上吸睛的任務，通常這個頁面是以誘人的文案請求訪客完成購買或登記。

這些行動是否有作用，主要看你能提供哪些好處給粉絲，也就是說瀏覽者能夠清楚知道，在他們完成點擊行動按鈕後會得到什麼好處。像是「傳送訊息」就有機會獲得好康的贈獎，「立即安裝」之後，當肚子餓時只要一鍵點選，各路美食就能送到家。對消費者有誘因，自然行動按鈕被點擊的機會就會升高，而且研究結果發現，簡單而清楚的指示能有效增加顧客的點擊意願。另外按鈕的文字不宜過長，以不超過 5 個字為佳，善用急迫性的行動召喚來達到你的行銷目的，所以不管是在你的影片、相片或貼文中，都應該要明確的引導用戶來完成按鈕的點擊。

@ 建立交叉推廣

Instagram 是可以分享自己喜愛東西的社群網站，同時也可以透過標籤接收他人的訊息。所以進行自家商品行銷時，不妨與其他相關性產品進行相互的標籤，把追蹤自己的用戶也介紹給對方，增加雙方的知名度。左下圖便是一例，用戶按下「@Nutiva」就能連結到另一個食品及飲料公司。

運用 @ 與其他相關的帳號建立關係，也會影響到他們的粉絲群。當你分享一條與品牌相關的帳號或產品標籤，他們也會幫你分享。所以不管是文字貼文、限時動態、或回覆的貼文當中，都可以透過「@」和他人建立關係，讓瀏覽者有機會點選在 @ 的帳戶而直接前往，這樣的交叉推廣可以帶來新的粉絲。另外也可以使用「標註人名」的方式來與其他用戶建立連結關係，如下圖所示。

貼文中的定價藝術

在貼文中進行商品行銷時，有時也會將商品定價一併列出。不過你知道定價也能玩得像一門藝術嗎？因為價格訂的低利潤就減少，價格訂得高就乏人問津，所以很多商家都會為了定價而傷透腦筋。各位可能發現，百貨公司或超市最常使用的訂價策略是尾數「9」。根據實驗結果，像是 49、199 等尾數為 9 的商品，其實際銷售量通常會比 50、200 等定價的商品提高約 25% 左右，雖然只差一塊錢，但是對消費者的心理感受就差很多。

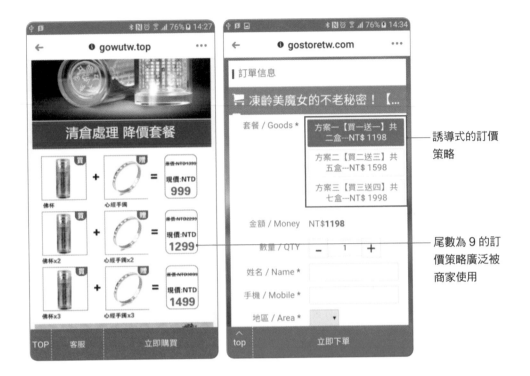

有些商家則會採用誘導式的訂價策略。所謂的「誘導式定價」就如同上方兩個例子，通常店家會列出三種組合，由於貪便宜的心理，大多數人會選擇第三種組合，選擇第一種組合的次之，而第二種組合通常不會有人選用。對顧客來說，選擇第三種方式讓顧客覺得賺到了，但對店家而言，任何一種組合都是賺，尤其第一種組合可能賺最多。

商品的訂價到底是「貴」還是「便宜」，有時是透過相對比較而來的，例如在高級餐廳中，每份主餐都要價 400 元以上，若是加購一杯飲料只要 80 元，相信很多人都會選擇加購，因為相較於 400 元，飲料相對便宜許多。但是相同的 80 元飲料在平價餐館中就顯得太貴。所以行銷商品之前，不妨多多觀察其他商家的定價策略，同時花點時間觀察顧客的消費心理，對你經營社群平台絕對有幫助。

|8-2| Instagram 專業帳號

當店家有打算要在 IG 上進行商業行銷動作時，那麼不妨試用一下 Instagram 商業帳號，讓「個人帳號」轉換為「專業帳號」，IG 會根據所申請的「專業帳號」類型提供不同的「專業帳號」選項，例如：如果所申請的「專業帳號」類別為「作者」，在申請過程中就分為「商家」及「創作者」兩種選項，其中「商家」適合零售商、本地商家、品牌、組織和服務供應商。而「創作者」適合公眾人物、內容行銷企業人員、藝術家和具影響力的人士。

如果當初申請的「專業帳號」為「商業帳號」，現在想要變更的話，IG 可以讓你將「商業帳號」切換為「個人帳號」或「創作者帳號」。如下圖所示，在 IG 個人帳號的「設定」頁面中，點進「帳號」頁面，接著在「帳號類型切換」中就可以切換為「個人帳號」或「創作者帳號」喔！

　　同理，如果目前所申請的「專業帳號」為「創作者帳號」時，可以在 IG 個人帳號的「設定」頁面中，點進「帳號」頁面，接著在「帳號類型切換」中切換為「個人帳號」或「商業帳號」喔！

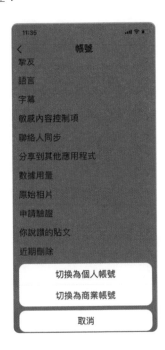

使用 Instagram 的專業帳號，商家就可以取得洞察報告，了解粉絲並可查看你的貼文成效，也可以建立推廣活動，使商品觸及更多的 IG 用戶，另外可以新增聯絡資料按鈕，讓顧客能夠直接從你的個人檔案寄送電子郵件給你，或是與你通話。

事實上，擁有 Facebook 粉絲專頁的商家，非常適合開設 Instagram 的「商業帳號」。因為當你將「個人帳號」切換為「商業帳號」時，IG 會先要求你為你的商業檔案選擇類別和子類別，以便讓用戶了解你商家的服務內容，接著會確定商家的電子郵件及電話號碼等聯絡選項，以便與你的商業檔案做連結，然後再要求你連結到 Facebook 的粉絲專頁。如果你略過粉絲專頁的連結，IG 就會為你建立一個無人擁有的粉絲專頁，好讓其他用戶可以搜尋和查看你的企業商家內容。開設商業帳號完全免費，其作用就如同 Facebook 中的粉絲專頁一樣，讓你的品牌、商店有更多的曝光宣傳效果，所以各位不妨試用看看！

新增「專業帳號」

店家想要使用 Instagram「專業帳號」所提供的商業工具，你可以新增「專業帳號」，接著我們將示範如何新增「專業帳號」中的「商業帳號」類型，作法如下：

首先請自行切換到您的 IG 個人帳號的「設定」頁面下的「帳號」頁面，其它操作過程如下所示：

接著會看到一連串的解說頁面，告知你「專業帳號」的優點，請按「繼續」鈕依序了解即可。當你設定完商家類別、聯絡資訊、連結粉絲專頁後，就完成專業帳號的商業檔案的設定工作。

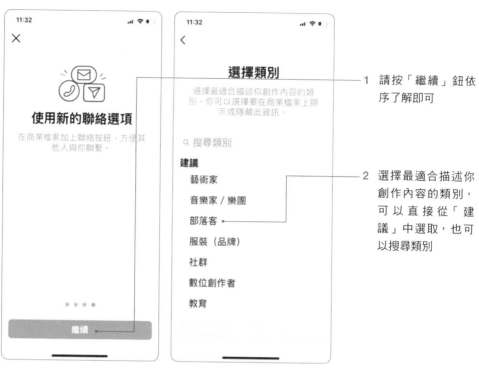

1 請按「繼續」鈕依序了解即可

2 選擇最適合描述你創作內容的類別,可以直接從「建議」中選取,也可以搜尋類別

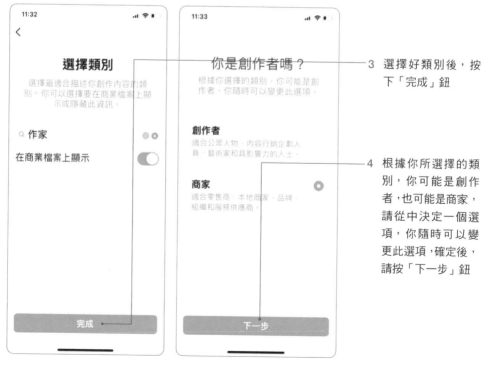

3 選擇好類別後,按下「完成」鈕

4 根據你所選擇的類別,你可能是創作者,也可能是商家,請從中決定一個選項,你隨時可以變更此選項,確定後,請按「下一步」鈕

5　接著檢查公開顯示在商業檔案中的聯絡資訊

6　按「下一步」(或按「請必使用我的聯絡資料」)

7　連結你的 Facebook 粉絲專頁

8　按「下一步」(或按「現在不要連結到 Facebook」)

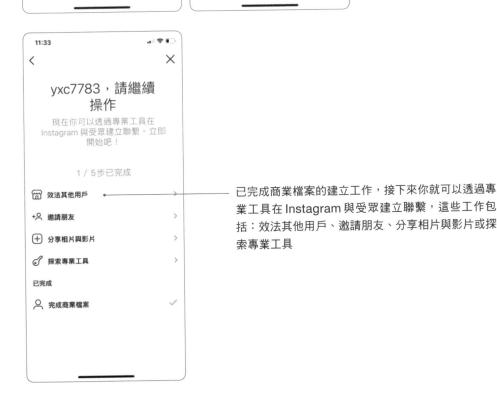

已完成商業檔案的建立工作,接下來你就可以透過專業工具在 Instagram 與受眾建立聯繫,這些工作包括:效法其他用戶、邀請朋友、分享相片與影片或探索專業工具

當你完成專業帳號的商業檔案的設定工作後，此時帳戶頁面上就會多了一個「廣告工具」的按鈕，如下圖所示。另外，也會在頁面上方看到「洞察報告」的選項，方便商家進行行銷的分析。

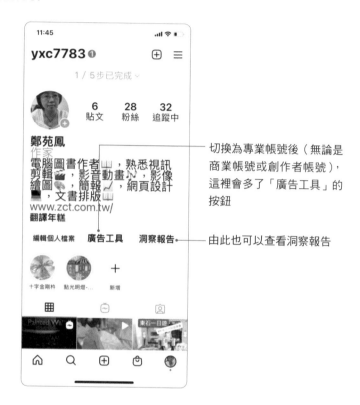

切換為專業帳號後（無論是商業帳號或創作者帳號），這裡會多了「廣告工具」的按鈕

由此也可以查看洞察報告

IG 的商業帳號還可以透過強大的行銷分析工具「洞察報告」來分析自家商品推廣的情形，對於按讚次數、瀏覽次數、留言數量、珍藏次數、觸及率、參與互動等資訊，都是管理者作為產品改進或宣傳方向調整的依據，從這些分析中也可以了解客戶們的喜好。從 IG 平台上，商家也可以直接透過「推廣活動」鈕來建立商品的推廣，相當的便利。

由於 Facebook 已在 2012 年收購 Instagram，並將廣告系統加入，所以各位也可以從 Facebook 的粉絲專頁連結 IG 的商業帳戶，商家可以直接從 Facebook 粉絲專頁上編輯 IG 的帳戶資訊，在收件匣管理 IG 的留言，也可以從 Facebook 建立 IG 廣告，讓廣告顯示於 Instagram 中，以觸及更多可能的潛在客戶。特別注意的是商業帳號一旦與臉書的粉絲專頁連結後，商業帳號只能分享貼文到臉書的粉絲專

頁，無法分享到其他專頁或個人頁面，而且其帳號必為「公開」帳號，無法變更為私密模式。不過，可以自由切換為商業帳號或個人帳號，沒有次數的限制。

個人帳號 & 專業帳號的切換

要將「個人帳號」切換為「專業帳號」，你可以從「設定」頁面中點選「帳號」選項，就可以看到「切換帳號類型」的選項。如果你想由商業帳號切換回個人帳號，一樣是在「設定」頁面的「帳號」中就能進行轉換。

|8-3| 刊登 IG 廣告做宣傳

販售商品最重要的是能大量吸引顧客的目光，廣告便是其中的一個選擇，也可以說是指企業以一對多的方式利用付費媒體，將特定訊息傳送給特定的目標視聽眾的活動。社群行銷是一個成本較低的行銷方式，但不代表就是免費，現代的消費者需求相當多元，不但要滿足需求還要提供更多行銷媒體的選擇。店家將活動資訊或

商品內容，透過 FB 或 IG 等社群網站發佈出去，除了建立口碑和商譽外，並不需要花費任何費用即可進行宣傳。不過只有你的粉絲或是用戶透過「搜尋」的方式才能看到你發佈的貼文。

企業商家刊登廣告的目的主要在提升品牌知名度，吸引其他用購買商品或安裝程式，讓企業在短暫時間內觸及更多的用戶、增加更多的粉絲、提高曝光機會以吸引他人前往自家商城購買商品，那麼刊登廣告不失為增加業績的有效方法。比起報紙廣告、電視廣告等宣傳費用，社群廣告可以用最少的花費來帶動業績。

IG 廣告版位

IG 上的廣告版位只有兩種，一個是「動態廣告」，一個是「限時動態廣告」。企業刊登的廣告會在用戶名稱下方顯示「贊助」二字，所以當你在首頁瀏覽追蹤對象所發佈的貼文時，偶爾會看到商家刊登的廣告，同樣地當你瀏覽追蹤對象的限時動態時，偶而也會看到「贊助」的字眼。

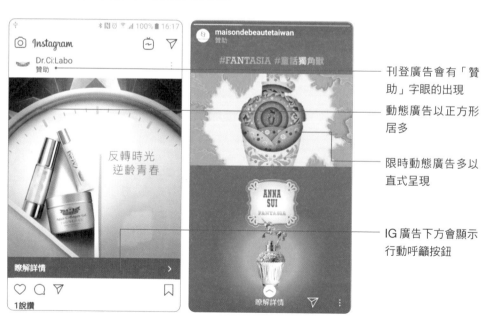

刊登廣告會有「贊助」字眼的出現

動態廣告以正方形居多

限時動態廣告多以直式呈現

IG 廣告下方會顯示行動呼籲按鈕

這兩種廣告版位都可以選用相片或影片方式呈現，相片格式為 *.jpg 或 *.png 格式，預設播放為 5 秒，影片格式則使用 *.mp4 或 *.mov 格式，影片長度在 15 秒以內。由於 IG 主要在智慧型手機上使用，所以廣告格式自然以 9:16 的直式畫

面較為合適，但也可以使用橫向或正方形的畫面。一般建議的解析度為 1080 x 1920 像素，最小解析度則為 600 x 1607 像素。

IG 廣告類型

IG 廣告有四種類型，包括：相片廣告、影片廣告、輪播廣告、限時動態廣告。

- **相片廣告**：相片廣告多以正方形 (1:1) 的尺寸居多，正方形廣告的最高解析度為 1936 x 1936 像素，最低解析度為 600 x 600 像素，也可以採用橫向或直向格式，建立廣告時，企業可以自行裁切圖像，使廣告畫面符合期望的比例。

- **影片廣告**：影片廣告以正方形或橫向畫面呈現，影片長度以 60 秒為上限。

- **輪播廣告**：用戶只要用手滑動畫面，即可看單一廣告內的其他相片或影片。

- **限時動態廣告（Instagram Stories 廣告）**：限時動態廣告支援全螢幕或直向格式，讓商家可以分享相片或有聲音的影片。如果商家提供的廣告畫面為橫向或正方形，那麼 IG 會自動選擇漸層背景，並加入動態消息的廣告文案於廣告底部。如右下圖所示：

輪播廣告包含多個相片或影片

商家若提供橫式廣告時，IG 會自動加入廣告文案於底部

商家刊登廣告時可針對觸及人數、觀看影片、流量、應用程式安裝等目標來鎖定廣告受眾。如果用戶為商業用戶，還可透過洞察報告來查看廣告成效。

刊登 IG 廣告

店家要在 IG 登廣告主要是透過廣告管理員、API 或廣告創意中心來建立。如果你是商業用戶，直接在用戶頁面按下「廣告工具」鈕，或是在 IG 貼文下方也有「加強推廣貼文」鈕讓你投放廣告。

按此鈕建立推廣活動

貼文下方也有「加強推廣貼文」鈕可進行推廣

當你由貼文下方按下「加強推廣貼文」鈕，IG 會要求你做以下幾項的設定，包括：

- **選擇目標**：主要是你希望這一波的推廣活動預期帶來什麼成果，例如：更多商業檔案瀏覽次數、更多網站瀏覽次數或更多訊息等。

- **設定你的廣告受眾**：例如 Instagram 會鎖定與你粉絲類似的用戶或自行建立自訂廣告受眾，可鎖定你的粉絲、特定地點的用戶、或是選擇要鎖定地標或興趣的用戶。

- **設定預算與時間長度**：IG 會自動預估觸及的人數供你參考。

完成如上三項設定後，IG 會在頁面上顯示你所設定項目，確認之後按下「加強推廣貼文」鈕就可以進行推廣。

投放的 IG 廣告並不會自動出現在你的 IG 帳號中，因為廣告是投放給目標受眾，只由合乎條件的人才會出現。如果你是使用現有貼文來投放廣告，才會出現在你的帳戶中。

廣告投放注意事項

很多商家在臉書或 IG 上投放各種的廣告，卻總覺得廣告效果不好，廣告預算像石沉大海般有去無回。事實上，廣告效用無法發揮的原因，不外乎以下幾點：

商品不佳、品牌聲譽不好

商品品質不佳、品牌聲譽不好，廣告主卻想透過廣告來創造銷售業績，那等於是天方夜譚。商品誇大宣傳、有瑕疵無法退換、客服溝通不良等，這些都是與商家有關的問題，如果粉絲們留下負面的評語，也會讓其他買家為之卻步。

廣告圖文粗糙

圖文是廣告最好的門面，畫面吸引目光，文字引動好奇心，進而讓廣告受眾想進去點閱，那麼廣告就成功一半。尤其 IG 較注重圖片的視覺效果，且 IG 廣告只會出現在行動版，更需要專注在視覺力來引導，讓觀看者願意去點擊引流到你的購物商城。

選擇正確的廣告目標、類型、價格與受眾

不同的廣告目標有不同的投放方式，廣告主必須先釐訂清楚自己的廣告目的，才能選擇合適的廣告類型。廣告預算過低時受眾觸及範圍過少，廣告預算過高則增加成本而降低利潤。至於受眾對象錯誤則白費心機，所以無論受眾的年齡、地區、興趣等，都必須考量進去。

8-4 | IG 吸粉的 SEO 筆記

網站流量一直是網路行銷中相當重視的指標之一，根據統計調查，Google 搜尋結果第一頁的流量佔據了 90% 以上，第二頁則驟降至 5% 以下。所謂流量即人潮，人潮就是錢潮，而其中一種能夠相當有效增加流量的方法就是「搜尋引擎最佳化」（Search Engine Optimization, SEO）。搜尋引擎最佳化（SEO）也稱作搜尋引擎優化，是近年來相當熱門的網路行銷方式，就是一種讓網站在搜尋引擎中取得 SERP 排名優先方式，終極目標就是要讓網站的 SERP 排名能夠到達第一。簡單來說，做 SEO 就是運用一系列的方法，利用網站結構調整配合內容操作，讓搜尋引擎認同你的網站內容，同時對你的網站有好的評價，就會提高網站在 SERP 內的排名。

在此輸入速記法，會發現榮欽科技出品的油漆式速記法排名在第一位

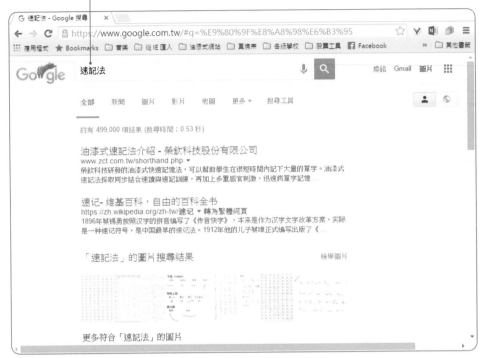

⋂ SEO 優化後的搜尋排名

Tips
SERP（Search Engine Results Page, SERP）就是經過搜尋引擎根據內部網頁資料庫查詢後，
呈現給用戶的自然搜尋結果的清單頁面，SERP的排名當然是越前面越好，終極目標就是要讓
網站的SERP排名能夠到達第一。

　　社群媒體本身看似跟搜尋引擎無關，其實卻是 SEO 背後相當大的推手，雖然粉絲專頁嚴格來說根本不是一個網站，不過社群媒體的分享數據也是 SEO 排名的影響與評等因素之一。各位經常會發現 Google 或 Yahoo 搜尋結果會出現 FB 粉專或 YouTube 影片的排名，如果能有策略地針對 SEO 與社群媒體的優化，不但幫助排名，更可以幫助你網站的流量引導。

我們知道 Instagram 本質核心上雖然不算是一種搜尋引擎，不過 Instagram 有內建的搜尋欄位，可依照用戶輸入的關鍵字來選擇，Instagram SEO 是用於站內優化，而非其他搜尋引擎，由於 SEO 也偏好社群活躍度高的用戶，想要自己的 IG 觸及更好，SEO 的某些技巧依舊可以套用在 Instagram 演算法，輕鬆獲取免費的自然流量和追蹤。以下我們將要介紹如何透過 IG 進行 SEO 的特殊技巧。

用戶名稱的 SEO 眉角

Instagram 用戶名稱，等於是其中一個關鍵字（Keyword）管理的重心，店家首先務必要花時間好好地寫 IG 帳號的完整資訊。因為 IG 帳號已經被視為是品牌官網的代表，IG 所使用的帳戶名稱，名稱與簡介也最好能夠讓人耳熟能詳，所以當你使用 IG 來行銷自家商品時，那麼帳號名稱最好取一個與商品相關的好名字，並添加「商店」或「Shop」的關鍵字，如果有主要行業別或產品也可加上，讓用戶在最短的時間了解你這個品牌，因為這不只攸關品牌意識，更關乎到 SEO。

Tips

所謂關鍵字（Keyword），就是與店家網站內容相關的重要名詞或片語，通常關鍵字可以反映出消費者的搜尋意圖，也是反映人群需求的一種數據，例如企業名稱、網址、商品名稱、專門技術、活動名稱等。關鍵字行銷不但能在搜尋引擎取得免費或付費的曝光機會，還可藉此宣傳企業的產品與品牌，也就是針對使用者的消費習慣而產生的行銷策略。

各位有機會被其他 IG 用戶搜尋到，第一眼被吸引的絕對會是個人頁面上的大頭貼照，圓形的大頭貼照可以是個人相片，或是足以代表店家特色的圖像，以便從一開始就緊抓粉絲的眼球動線。此外，個人檔案也是用戶點擊進入你的 Instagram 帳號後，下方會出現的資訊列，完善的個人檔案也是 SEO 重點，我們建議這個地方也可以用來塞入長尾關鍵字，以增加帳號曝光率。不過請留意！雖然沒有適當的關鍵字就帶不出你的貼文，貼文中重複過多無意義的關鍵字，可能會被演算法認為是作弊行為，反而會讓 SEO 排名更下降。

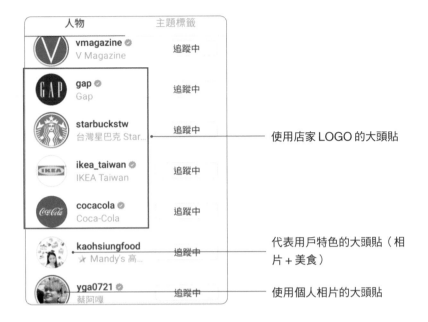

使用店家 LOGO 的大頭貼

代表用戶特色的大頭貼（相片＋美食）

使用個人相片的大頭貼

主題標籤的 SEO 魔力

　　許多 SEO 的老手都知道關鍵字的重要性，關鍵字可以說是反應人群需求的一種集合數據，關鍵字搜尋量越高，通常代表越多人會做的相關主題，貼文內容要常提及目標關鍵字，例如文章第一行強烈建議打出標題、店名、品名、活動等各種關鍵字，可以更有效提升 SEO 排名，或者利用 ALT TEXT 功能，為相片加入清楚地自定義替代文字。這個 2019 年剛出爐的新功能會讓你的貼文有更多露臉機會，也能供用戶有更多的方式獲取 IG 的內容。因為 Google 並不會直接讀取圖片，它們會讀取 ALT TEXT 中的敘述文字，可以輕易讓貼文獲取更多觸及率，演算法也會針對有使用替代文字的貼文給予較好的排名，最後在文章當中，利用關鍵字連結到圖片，也是對 SEO 有不少加分的作用。

　　IG 的主題標籤（Hashtag）和網站 SEO 的關鍵字概念非常類似， Instagram SEO 就是使用 Hashtags 輕鬆帶出各位的貼文。店家可以把 Hashtag 想成文章的關鍵字，Hashtag 用的好，可有效增加互動及提升貼文能見度，一篇貼文內最多可以使用 30 個 Hashtags，越多的 Hashtags 表示可以觸及的用戶更多。很多時候在 IG 上的用戶都是直接搜尋主題標籤找到店家，各位只要限時動態、圖片、文字

中善加選擇熱門的 Hashtags，不僅貼文能被判定為有效貼文，在搜尋引擎中較容易被找到，或者標註你所在的城市與著名地標。

搜尋該主題可以看到數千則的貼文，貼文數量越多就表示使用這個關鍵字的人數越多

　　店家在決定使用什麼 Hashtags 之前，不妨先進入 IG 的搜尋欄中，看看使用這個 hashtags 的貼文數，相關程度較高的標籤都有助於你的貼文有更多曝光機會，貼文內也必須包含自己品牌或店家名稱的 Hashtags，IG 也會主動將貼文推薦給會喜歡你 Hashtag 的用戶。當然你最好每天固定多花一些時間和粉絲互動，無論是留言、按讚或追蹤等，特別是在限時動態的觀看及留言都會被 SEO 判定為值得散播的內容。

視覺化內容的加持

　　視覺化內容在 IG 的世界中是非常重要，由於 IG 的用戶多半天生就是視覺系動物，內文要夠精簡扼要，配合高品質的影片或圖片，主題鮮明最好分門別類，頁面視覺風格一致，讓主題內的圖文有高度的關聯性，不但讓粉絲直覺聯想到品牌，更迅速了解商品內容。檔案名稱也同樣可以給予搜尋引擎一些關於圖片內容的提示，建議使用具有相關意義的名稱，例如與關鍵字或是品牌相關的檔名，這也是 SEO 的技巧之一。

○ 視覺化內容的優化對 SEO 排名也有幫助

　請注意！只有 80% 以上的內容跟用戶有關,而且是他們想看的貼文,才有辦法創造真正有效的流量,不要忘記讓粉絲願意主動留言永遠是社群平台上唯二不敗的經營方式,許多留言更會優化或加強文章內容,或者你的貼文擁有良好的互動表現,還要附上官網連結,將 IG 變成嵌入到官網的一部分,讓粉絲點擊官網追蹤,進而幫忙分享。分享數與留言目前依然是提升貼文 SEO 排名的關鍵指標。如果文章寫得不錯,粉絲可能還會想跟品牌私底下互動,這個動作甚至比按愛心、留言及觀看還要被 SEO 看重。

NOTE

9

IG行銷最強魔法師——ChatGPT

今年度最火紅的話題絕對離不開 ChatGPT。ChatGPT 引爆生成式 AI 革命,首當其衝的是社群行銷。目前網路、社群上對於 ChatGPT 的討論已經沸沸揚揚。ChatGPT 是由 OpenAI 所開發的一款基於生成式 AI 的免費聊天機器人,擁有強大的自然語言生成能力,可以根據上下文進行對話,並進行多種應用,包括客戶服務、銷售、產品行銷等,短短 2 個月全球用戶超過 1 億,超過抖音的用戶量。ChatGPT 是由 OpenAI 公司開發的最新版本,該技術是建立在深度學習(Deep Learning)和自然語言處理技術(Natural Language Processing, NLP)的基礎上。由於 ChatGPT 是以開放式網路的大量數據進行訓練,使其能夠產生高度精確、自然流暢的對話回應,與人進行交流。如下圖所示:

ChatGPT 能和人類一樣以一般人的對話方式與使用者互動,例如提供建議、寫作輔助、寫程式、寫文章、寫信、寫論文、劇本小說…等,而且所回答的內容有模有樣,除了可以給予各種問題的建議,也可以幫忙寫作業或程式碼,例如下列二圖的回答內容:

請用C++寫九九乘法表的程式

以下是用 C++ 寫九九乘法表的程式：

```cpp
#include <iostream>
using namespace std;

int main() {
    for (int i = 1; i <= 9; i++) {
        for (int j = 1; j <= 9; j++) {
            int product = i * j;
            cout << i << " x " << j << " = " << product << endl;
        }
        cout << endl; // 換行
    }
    return 0;
}
```

程式中使用了兩個 `for` 迴圈，第一個 `for` 迴圈控制乘數，第二個 `for` 迴圈控制被乘數，兩個相乘的結果存放在 `product` 變數中，最後使用 `cout` 輸出結果。在第一個 `for` 迴圈的結尾使用 `cout << endl;` 換行，使得每個乘數的結果都在單獨一行上顯示。

ChatGPT 的使用也取決於人類的使用心態，正確地使用 ChatGPT 可以創造不同的可能性。例如有些廣告主認為使用 AI 工具幫客戶做社群行銷企畫，很像有「偷吃步」的嫌疑。其實這倒也不會，反而應該看成是產出過程中的助手，甚

至可以讓行銷團隊的工作流程更順暢進行，達到意想不到的事半功倍效果。因為 ChatGPT 之所以強大，是它背後難以計數的資料庫，任何食衣住行育樂的各種生活問題或學科都可以問 ChatGPT，而 ChatGPT 也會以類似人類會寫出來的文字，給予相當到位的回答。與 ChatGPT 互動是一種雙向學習的過程，在用戶獲得想要資訊內容文本的過程中，ChatGPT 也不斷在吸收與學習。ChatGPT 用途非常廣泛多元，根據國外報導，很多亞馬遜上店家和品牌紛紛轉向 ChatGPT，還可以幫助店家或品牌再進行社群行銷時為他們的產品生成吸引人的標題，和尋找宣傳方法，進而與廣大的目標受眾產生共鳴，從而提高客戶參與度和轉換率。

|9-1| 認識聊天機器人

人工智慧行銷從本世紀以來，一直都是店家或品牌尋求擴大影響力和與客戶互動的強大工具。過去企業為了與消費者互動，需聘請專人全天候在電話或通訊平台前待命，不僅耗費了人力成本，也無法妥善處理龐大的客戶量與資訊。聊天機器人（Chatbot）則是目前許多店家客服的創意新玩法，背後的核心技術即是以自然語言處理（Natural Language Processing, NLP）中的一種模型（Generative Pre-Trained Transformer, GPT）為主。利用電腦模擬與使用者互動，即是透過電腦程式進行口說或文字交談，並讓用戶體驗與真人一樣的對話。聊天機器人能夠全天候提供即時服務，與自訂不同的流程來達到想要的目的，協助企業輕鬆獲取第一手消費者偏好資訊，有助於公司精準行銷、強化顧客體驗與個人化的服務。這對許多粉絲專頁的經營者或是想增加客戶名單的行銷人員來說，聊天機器人就相當適用。

🎧 AI 電話客服也是自然語言的應用之一

圖片來源：https://www.digiwin.com/tw/blog/5/index/2578.html

Tips

電腦科學家通常將人類的語言稱為自然語言 NL（Natural Language），比如說中文、英文、日文、韓文、泰文等，這也使得自然語言處理（Natural Language Processing, NLP）的範圍非常廣泛。所謂 NLP 就是讓電腦擁有理解人類語言的能力，也就是一種藉由大量的文本資料搭配音訊數據，並透過複雜的數學聲學模型（Acoustic model）及演算法來讓機器去認知、理解、分類並運用人類日常語言的技術。

GPT 是「生成型預訓練變換模型（Generative Pre-trained Transformer）」的縮寫，是一種語言模型，可以執行非常複雜的任務。它會根據輸入的問題自動生成答案，並具有編寫和除錯電腦程式的能力，如回覆問題、生成文章和程式碼，或者翻譯文章內容等。

聊天機器人的種類

例如以往店家或品牌進行行銷推廣時，必須大費周章取得用戶的電子郵件，不但耗費成本，而且郵件的開信率低，成效不彰。由於聊天機器人的應用方式多元、效果容易展現，可以直觀且方便的透過互動貼標來收集消費者第一方數據，直接幫你獲取客戶的資料，例如：姓名、性別、年齡…等臉書所允許的公開資料，驅動更具效力的消費者回饋。

🎧 臉書的聊天機器人就是一種自然語言的典型應用

聊天機器人共有兩種主要類型：一種是以工作目的為導向，這類聊天機器人是一種專注於執行一項功能的單一用途程式。例如 LINE 的自動訊息回覆，就是一種簡單型聊天機器人。

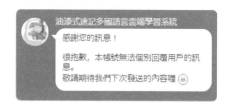

另外一種聊天機器人則是採取資料驅動的模式，能具備預測性的回答能力，例如 Apple 的 Siri 就是屬於這種類型的聊天機器人。

例如在 IG 粉絲專頁常見有包含留言自動回覆、聊天或私訊互動等各種類型的機器人，其實這一類具備自然語言對話功能的聊天機器人也可以利用 NLP 分析方式進行打造。也就是說，聊天機器人是一種自動的問答系統，它會模仿人的語言習

慣，也可以和你「正常聊天」，就像人與人之間的互動一樣。而 NLP 能讓聊天機器人根據訪客輸入的留言或私訊，以自動回覆的方式與訪客進行對話，成為企業豐富消費者體驗的強大工具。

|9-2| ChatGPT 初體驗

從技術的角度來看，ChatGPT 是根據從網路上獲取的大量文本樣本進行機器人工智慧的訓練，與一般聊天機器人的相異之處在於 ChatGPT 有豐富的知識庫以及強大的自然語言處理能力，使得 ChatGPT 能夠充分理解並自然地回應訊息。不管你有什麼疑難雜症，你都可以詢問它。國外許多專家都一致認為 ChatGPT 聊天機器人比 Apple Siri 語音助理或 Google 助理更聰明，當用戶不斷以問答的方式和 ChatGPT 進行互動對話，聊天機器人就會根據你的問題進行相對應的回答，並提升這個 AI 的邏輯與智慧。

登入 ChatGPT 網站註冊的過程中雖然是全英文介面，但是註冊過後與 ChatGPT 聊天機器人互動發問問題時，可以直接使用中文的方式來輸入，而且回答的內容的專業性也不失水準，甚至不亞於人類。

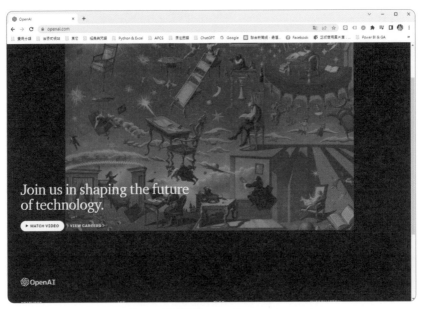

⋔ OpenAI 官網 https://openai.com/

目前 ChatGPT 可以辨識中文、英文、日文或西班牙等多國語言，並透過人性化的回應方式來回答各種問題。這些問題甚至含括了各種專業技術領域或學科的問題，可以說是樣樣精通的百科全書，不過 ChatGPT 的資料來源並非 100% 正確，在使用 ChatGPT 時所獲得的回答可能會有偏誤，為了使得到的答案更加準確，在使用 ChatGPT 回答問題時，應避免使用模糊的詞語或縮寫。「問對問題」不僅能夠幫助用戶獲得更好的回答，ChatGPT 也會藉此不斷精進優化，AI 工具的魅力就在於它的學習能力及彈性，尤其目前的 ChatGPT 版本已經可以累積與儲存學習紀錄。切記！清晰具體的提問才是與 ChatGPT 的最佳互動。如果需要深入知道更多的內容，除了盡量提供夠多的訊息之外，就是給予足夠的細節和上下文。

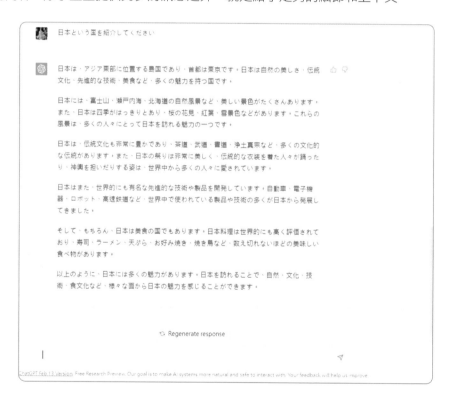

註冊免費 ChatGPT 帳號

接下來我們就先來示範如何註冊免費的 ChatGPT 帳號。請先登入 ChatGPT 官網，它的網址為 https://chat.openai.com/。登入官網後，若沒有帳號的使用者，可以直接點選畫面中的「Sign up」按鈕註冊一個免費的 ChatGPT 帳號：

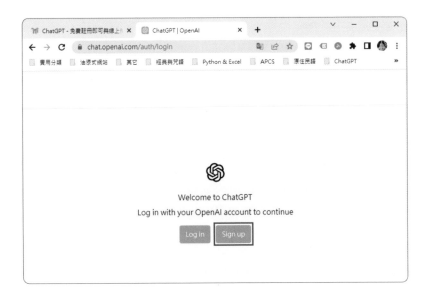

接著請各位輸入 Email 帳號，如果各位已有 Google 或是 Microsoft 帳號，你也可以透過這些帳號進行註冊登入。此處我們直接示範以 Email 的方式來建立帳號。請在下圖視窗中間的文字輸入方塊中輸入要註冊的電子郵件，輸入完畢後，請接著按下「Continue」鈕。

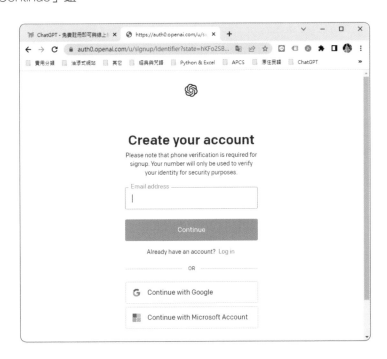

如果你是透過 Email 進行註冊，系統會要求使用者輸入一組至少 8 個字元的密碼作為這個帳號的註冊密碼。

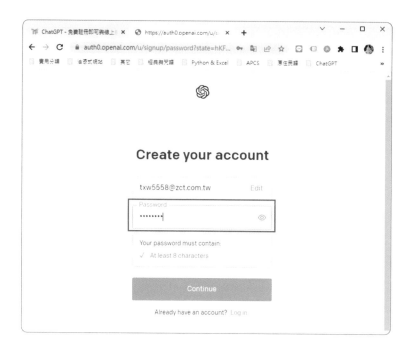

上圖輸入完畢後，接著再按下「Continue」鈕，會出現類似下圖的「Verify your email」的視窗。

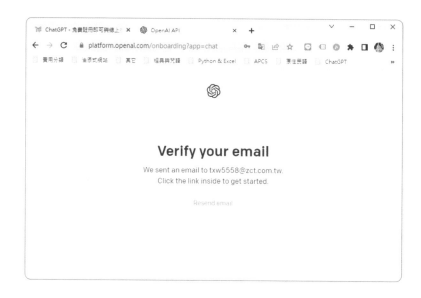

接著請各位打開自己收發郵件的程式，可以收到如下圖的「Verify your email address」的電子郵件。請各位直接按下「Verify email address」鈕：

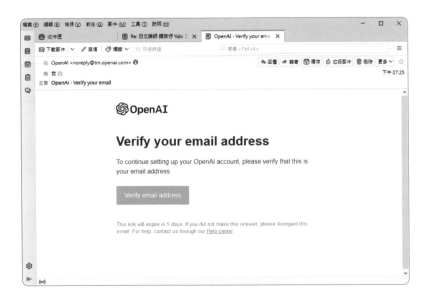

接著會直接進入到下一步輸入姓名的畫面。請注意，這裡要特別補充說明的是，如果你是透過 Google 或 Microsoft 帳號快速註冊登入，那麼就會直接進入到下一步輸入姓名的畫面：

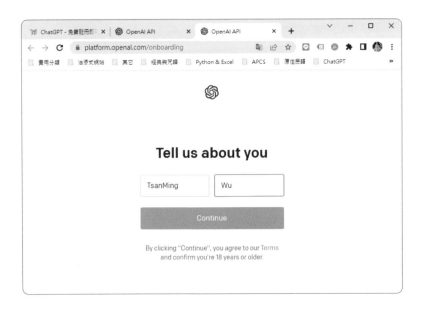

輸入完姓名後，再請接著按下「Continue」鈕，它會要求各位輸入你個人的電話號碼進行身分驗證。這是一個非常重要的步驟，如果沒有透過電話號碼來通過身分驗證，就沒有辦法使用 ChatGPT。請注意，輸入下圖行動電話時，請直接輸入行動電話後面的數字，例如你的電話是「0931222888」，只要直接輸入「931222888」。輸入完畢後，記得按下「Send Code」鈕。

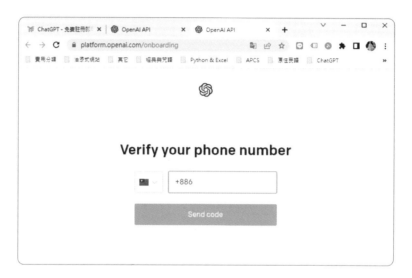

　　大概過幾秒後，各位就可以收到官方系統發送到指定號碼的簡訊，該簡訊會顯示 6 個數字的驗證碼。

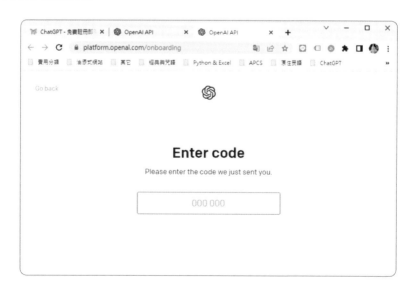

各位只要於上圖中輸入手機所收到的 6 碼驗證碼後，就可以正式啟用 ChatGPT。登入 ChatGPT 之後，會看到以下畫面，在畫面中可以找到許多和 ChatGPT 進行對話的真實例子，也可以了解使用 ChatGPT 有哪些限制。

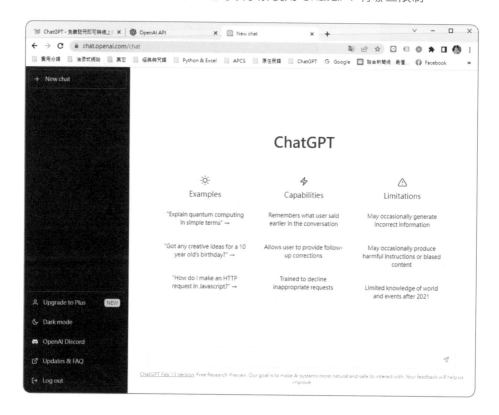

更換新的機器人

你可以藉由這種問答的方式，持續地去和 ChatGPT 對話。如果你想要結束這個機器人，可以點選左側的「New Chat」，他就會重新回到起始畫面，並新開一個新的訓練模型，這個時候輸入同一道題目，可能得到的結果會不一樣。

例如下圖中我們還是輸入「請用 Python 寫九九乘法表的程式」，按下「Enter」鍵正式向 ChatGPT 機器人詢問，就可以得到不同的回答結果：

如果可以要取得這支程式碼，還可以按下回答視窗右上角的「Copy code」鈕，就可以將 ChatGPT 所幫忙撰寫的程式，複製貼上到 Python 的 IDLE 的程式碼編輯器。底下為這一支新的程式在 Python 的執行結果。

```
Python 3.11.0 (main, Oct 24 2022, 18:26:48) [MSC v.1933 64 bit (AMD64)] on win32
Type "help", "copyright", "credits" or "license()" for more information.
=========== RESTART: C:/Users/User/Desktop/博碩_CGPT/範例檔/99table-1.py ===========
1 × 1 = 1      1 × 2 = 2      1 × 3 = 3      1 × 4 = 4      1 × 5 = 5      1 × 6 = 6      1 × 7 = 7      1 × 8 = 8      1 × 9 = 9
2 × 1 = 2      2 × 2 = 4      2 × 3 = 6      2 × 4 = 8      2 × 5 = 10     2 × 6 = 12     2 × 7 = 14     2 × 8 = 16     2 × 9 = 18
3 × 1 = 3      3 × 2 = 6      3 × 3 = 9      3 × 4 = 12     3 × 5 = 15     3 × 6 = 18     3 × 7 = 21     3 × 8 = 24     3 × 9 = 27
4 × 1 = 4      4 × 2 = 8      4 × 3 = 12     4 × 4 = 16     4 × 5 = 20     4 × 6 = 24     4 × 7 = 28     4 × 8 = 32     4 × 9 = 36
5 × 1 = 5      5 × 2 = 10     5 × 3 = 15     5 × 4 = 20     5 × 5 = 25     5 × 6 = 30     5 × 7 = 35     5 × 8 = 40     5 × 9 = 45
6 × 1 = 6      6 × 2 = 12     6 × 3 = 18     6 × 4 = 24     6 × 5 = 30     6 × 6 = 36     6 × 7 = 42     6 × 8 = 48     6 × 9 = 54
7 × 1 = 7      7 × 2 = 14     7 × 3 = 21     7 × 4 = 28     7 × 5 = 35     7 × 6 = 42     7 × 7 = 49     7 × 8 = 56     7 × 9 = 63
8 × 1 = 8      8 × 2 = 16     8 × 3 = 24     8 × 4 = 32     8 × 5 = 40     8 × 6 = 48     8 × 7 = 56     8 × 8 = 64     8 × 9 = 72
9 × 1 = 9      9 × 2 = 18     9 × 3 = 27     9 × 4 = 36     9 × 5 = 45     9 × 6 = 54     9 × 7 = 63     9 × 8 = 72     9 × 9 = 81
```

其實，各位還可以對同一個機器人不斷提問同一個問題。他會根據你前面所提供的問題與回答，換成另外一種角度與方式來回應你原本的問題，並得到不同的回答結果，例如下圖又是另外一種九九乘法表的輸出外觀：

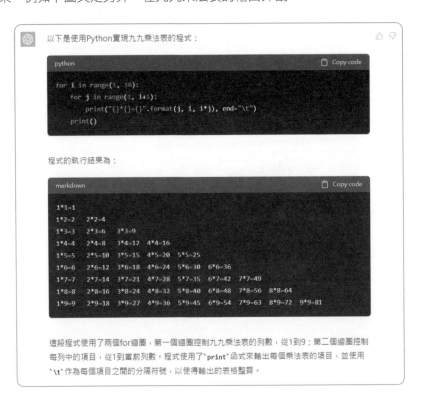

|9-3| ChatGPT 在行銷領域的應用

ChatGPT 是目前科技整合的極致，繼承了幾十年來資訊科技的精華。以前只能在電影上想像的情節，現在幾乎都實現了。在生成式 AI 蓬勃發展的階段，ChatGPT 擁有強大的自然語言生成及學習能力，更具備強大的資訊彙整功能。各位想得到的任何問題都可以尋找適當的工具協助，加入自己的日常生活中，並且得到快速正確的解答。當今沒有一個品牌會忽視數位行銷的威力，ChatGPT 特別是對電商文案撰寫有極大幫助，可用於為品牌官網或社群媒體，成為眾多媒體創造聲量的武器，去產製更多優質內容、線上客服、智慧推薦、商品詢價等服務。ChatGPT 正在各種方式快速融入我們的日常生活與數位行銷領域，也逐漸讓許多廣告主有追逐流量的壓力，大幅提升行銷效果和用戶體驗。以下先為各位介紹目前耳熟能詳的應用範圍：

🎧 緯創資通推出 ChatGPT 客服機器人

- AI 客服：行銷圈都知道電商客服一直都是賣家心中的一個痛，不過 ChatGPT 在客服行業卻具有非常大的應用潛力。品牌商家可以使用 ChatGPT 開發聊天機器人。對於一些知名企業或品牌，客服中心的運作成本非常高，ChatGPT

可以擔任自動客服機器人，藉以回答常見的客戶問題，並提供有關購買、退貨和其他查詢的服務，達到節省成本來創造社群行銷機會來優化客戶體驗。它能協助行銷與客服人員提供更加自然且精準的回覆，並有效引導消費者完成購買流程，提高客戶關係管理的效率（CRM）。不僅業績提升成交量，也建立起消費者資料庫，利於日後推播個人化廣告與產品。雖然 ChatGPT 可以成為有價值的附加工具，但不應將其完全作為客戶服務的替代品，畢竟相較於 ChatGPT 客觀理性的冰冷回答，真實人員服務能針對「顧客的需求」展現具有溫度的同理與貼心，才是 AI 客服無法完全取代真人的關鍵。

- **語言翻譯**：ChatGPT 可以幫助我們進行不同語言之間的翻譯，對於需要大量人工翻譯的跨境電商產業而言，ChatGPT 可以應用於語系翻譯和自動調整產品描述與說明，正確率也比一般人常用的 Google 翻譯高上許多，使得不同語言之間的溝通變得更加容易和順暢，並且大大減少翻譯人力成本，為用戶帶來更好的閱讀體驗。

 Please introduce U.S.A.

 The United States of America, commonly referred to as the United States or the USA, is a federal republic composed of 50 states, a federal district (Washington, D.C.), five major self-governing territories, and various possessions. It is the third largest country in the world by land area and the third most populous country, with a population of over 331 million people.

The USA is a highly developed country with a diversified economy and is considered to be one of the most powerful countries in the world. Its economy is the largest in the world, with a highly developed service sector, a large manufacturing base, and abundant natural resources. The USA is a founding member of the United Nations, World Bank, International Monetary Fund, and World Trade Organization.

The country is known for its cultural diversity, with a population composed of people from all over the world. The USA is also home to many iconic landmarks and destinations, such as the Statue of Liberty, the Grand Canyon, Hollywood, the Golden Gate Bridge, and the White House, among others. Its diverse and influential popular culture has had a major impact on the world, with American music, movies, and TV shows being popular across the globe.

The USA is a constitutional federal democracy, with a government composed of three branches: the executive, legislative, and judicial branches. The country has a long history of political and social activism, including movements for civil rights, women's rights, LGBTQ rights, and environmentalism.

接著只要輸入類似「請將我剛才問的問題的英文的回答內容翻譯成中文」，就會將剛才的英文回答內容翻譯成中文，請參考下圖：

請將我剛才問的問題的英文的回答內容翻譯成中文

好的，以下是對於美國（U.S.A.）的英文回答的翻譯：

美利堅合眾國（United States of America），簡稱美國（United States或USA），是一個聯邦共和國，由50個州、一個聯邦區（華盛頓特區）、五個自治領土和各種屬地組成。美國是世界上第三大的國家，其土地面積和人口數都居世界第三位，擁有超過3.31億人口。

美國是一個高度發達的國家，擁有多元化的經濟體系，被認為是世界上最強大的國家之一。其經濟體系是全球最大的，擁有高度發達的服務業和龐大的製造業基礎，並擁有豐富的自然資源。美國是聯合國、世界銀行、國際貨幣基金組織和世界貿易組織的創始成員。

美國因其文化多樣性而著名，其人口來自世界各地。美國也擁有許多標誌性的地標和旅遊勝地，如自由女神像、大峽谷、好萊塢、金門大橋和白宮等。其多元且有影響力的流行文化對全球產生了巨大影響，美國的音樂、電影和電視節目在全球都很受歡迎。

美國是一個憲法聯邦民主國家，政府由三個部門組成：行政、立法和司法。該國具有悠久的政治和社會行動的歷史，包括民權運動、婦女權利、LGBTQ權利和環保主義等運動。

- **行銷內容創作：**ChatGPT 在電子商務領域中也具有重要的應用價值，隨著 AI 技術的提升，文字和影像可以透過 AI 產生。由於網路行銷管道的模式愈來愈多，為了提高消費者體驗，店家需要將商品訊息做出清晰明確的描述，因此快速產出素材與文案的壓力愈來愈大。由於 ChatGPT 的核心應用就是文書處理，可以應用於自動生成商品描述與產品介紹，甚至還能寫論文、劇本和小說。尤其是我們經營電商產業，文字內容基本上就是我們主要的銷售和營銷方式，畢竟我們難以在當地直接面對客戶，因此掌握 ChatGPT，就可以大幅為店家和品牌分擔網路行銷活動的文字工作量，進一步提高電商平台的營收。

例如產品描述是市場行銷的一個重要部分，ChatGPT 可以根據客戶過往交易行為、興趣、偏好、和需求，幫助行銷團隊確定受眾目標，而且居然可以在不到 5 秒之內就生成出更符合受眾的產品文案並提高消費者關注度，甚至協助產出大量生成創意雛形，還可以開發對應的市場行銷活動方案、符合社群平台所需的貼文與撰寫 YouTube 影片腳本，進而提高廣告的點擊率和轉換率，還具備自動摘要的能力，可以將長文摘要出文章重點：

請以至少600字介紹台灣

 台灣是一個美麗的島嶼，位於東亞的中心地帶，北臨東海，東鄰太平洋，西接台灣海峽，南隔巴士海峽與菲律賓相望。台灣地理位置獨特，緯度介於北緯20°45'~25°56'之間，面積約有36,000平方公里，是世界上第38大的國家。

台灣擁有豐富的人文歷史，是一個多元文化的國家。先民們在台灣島上居住已有萬餘年歷史，歷經荷蘭、西班牙、清朝、日治時期等不同的政權統治，每個時期都留下了獨特的文化遺產，使得台灣文化綜合了多種不同文化的元素。

台灣的氣候溫和，四季分明，植被豐富，有各種不同的自然風光，如高山、海岸、溪流、森林、湖泊等等。其中，太魯閣、日月潭、阿里山等地區是著名的旅遊勝地，吸引了大量國內外遊客前來旅遊。

此外，台灣也是一個經濟發達的國家。自20世紀80年代開始，台灣的經濟快速發展，成為了亞洲四小龍之一。現在，台灣擁有高度發達的科技產業、製造業、金融業等，也是全球最大的積體電路製造商之一。台灣的經濟成就得益於政府的積極政策，也得益於勤奮的台灣人民。

台灣的人民熱情好客，友善而有禮。華人文化中講究的"以人為本"和"和氣生財"在台灣得到了充分體現。台灣的飲食文化豐富多彩，有許多美食是讓人流連忘返的，如台北的小吃、台南的小吃、台中的豆花、嘉義的瘦肉粥等等。此外，台灣也是茶葉生產和茶文化的重要地區，台灣茶

各位只要輸入類似「請將我剛才問的問題的回答內容摘要重點」，就會將剛才的英文回答內容翻譯成中文，請參考下圖：

 請將我剛才問的問題的回答內容摘要重點

 摘要重點：　　　　　　　　　　　　　　　　　　　　　　　　　👍 👎

- 台灣位於東亞中心地帶，緯度介於北緯20°45'~25°56'之間，面積約有36,000平方公里，是世界上第38大的國家。
- 台灣有豐富的人文歷史和多元文化，歷經荷蘭、西班牙、清朝、日治時期等不同的政權統治，每個時期都留下了獨特的文化遺產，使得台灣文化綜合了多種不同文化的元素。
- 台灣的氣候溫和，四季分明，植被豐富，有各種不同的自然風光，如高山、海岸、溪流、森林、湖泊等等。太魯閣、日月潭、阿里山等地區是著名的旅遊勝地。
- 台灣是一個經濟發達的國家，擁有高度發達的科技產業、製造業、金融業等，也是全球最大的積體電路製造商之一。台灣的經濟成就得益於政府的積極政策，也得益於勤奮的台灣人民。
- 台灣人民熱情好客，友善而有禮。台灣的飲食文化豐富多彩，有許多美食是讓人流連忘返的。台灣也是茶葉生產和茶文化的重要地區。

發想廣告郵件與官方電子報

電子郵件行銷（Email Marketing）與電子報行銷（Email Direct Marketing）的使用數量也在持續增長中，更是許多企業慣用的行銷手法。由於費用相對低廉，加上可以追蹤，將會大大的節省行銷時間及提高成交率。ChatGPT 能為店家自動發想與生成電子郵件與電子報回信內容，只要下對指令，把你的行銷需求告訴 ChatGPT，輸入推廣的對象，需要促銷的產品，以及預期達到的目的，就能自動產出一封符合指定情境、信件內容的官方郵件與電子報。除了提高品牌知名度以外，也更加連結與消費者之間的關係。或者收到許多怨念十足的客訴信轟炸，這時只要拜託 ChatGPT 寫一封針對關鍵問題的道歉信，瞬間就能寫出一封誠意滿滿、文情並茂的道歉信，及時分擔客服人員的壓力。

接下來請幫忙寫一封商品推薦的官方電子郵件，商品資訊如下：

油漆式速記多國語言雲端學習系統（https://pmm.zct.com.tw/zct_add/）這套系統是利用本公司獨家發明的油漆式速記法原理所建構完成，配合教育部的全英語授課（English as a Medium of Instruction, EMI）與國際教育政策，內容包含了國內外十幾種著名的英語檢定與 20 種第二外語相關檢定（日、韓、德、西、法、越、泰、印尼等），近期也將推出本土語學習系統（臺語、手語、客家語、原住民語），目前已開放六大類試用版本。
研發公司：榮欽科技股份有限公司
公司官網：www.zct.com.tw
業務代表：吳燦銘先生

ChatGPT 回答畫面：

請幫忙寫一封商品推薦的官方電子郵件，商品資訊如下：
油漆式速記多國語言雲端學習系統(https://pmm.zct.com.tw/zct_add/))這套系統是利用本公司獨家發明的油漆式速記法原理所建構完成，配合教育部的全英語授課(English as a Medium of Instruction, EMI)與國際教育政策，內容包含了國內外十幾種著名的英語檢定與20種第二外語相關檢定(日、韓、德、西、法、越、泰、印尼等)，近期也將推出本土語學習系統(臺語、手語、客家語、原住民語)，目前已開放六大類試用版本。
研發公司：榮欽科技股份有限公司
公司官網：www.zct.com.tw
業務代表：吳燦銘先生

尊敬的客戶您好，

感謝您對榮欽科技股份有限公司的油漆式速記多國語言雲端學習系統感興趣。我們的系統是利用本公司獨家發明的油漆式速記法原理所建構完成，配合教育部的全英語授課(English as a Medium of Instruction, EMI)與國際教育政策，內容包含了國內外十幾種著名的英語檢定與20種第二外語相關檢定(日、韓、德、西、法、越、泰、印尼等)，並且近期也將推出本土語學習系統(臺語、手語、客家語、原住民語)，目前已開放六大類試用版本。

我們相信這套系統能夠有效地協助您學習語言，無論是在工作、旅遊或學術方面。使用我們的系統，您可以學習並且熟練掌握不同的語言，進而擴大您的國際視野。

如果您對我們的產品有任何問題或者需要進一步的資訊，請聯繫我們的業務代表吳燦銘先生，他將竭誠為您服務。

謝謝您對我們產品的關注，期待您的回應。

此致
敬禮

榮欽科技股份有限公司

生成社群與部落格標題與貼文

如果你的品牌有經營 IG 社群，你總需要寫一些貼文來做行銷，因為不會有人想追蹤一個沒有內容的粉專，因此貼文內容扮演著最重要的社群行銷角色，甚至粉絲都會主動幫你推播與傳達。社群上發佈貼文的目的當然是盡可能讓越多人看到越好，一張平凡的相片，如果搭配一則好文章，也能搖身一變成為魅力十足的貼文。寫貼文時更要注意標題訂定，設身處地為用戶著想，了解他們喜歡聽什麼、看什麼，或是需要什麼，為貼文配上矚目標題，這樣撰寫出來的標題與貼文較能引起共鳴。ChatGPT 就能幫助絞盡腦汁的小編，讓它完美化身你的免費行銷專員，只要輸入正確店家名稱、文章關鍵字、活動主題、呈現的風格，如果還有一些特別需求，可以在指令加上字數和語氣的要求，加入目的可以讓標題更有效捕捉目光，就會自動產生對應的文章，快速生成符合各種平台所需的標題與貼文。

輸入問題：

請寫出十個較會引人感興趣的關於林書豪（Jeremy Lin）的 Instagram post 標題

ChatGPT 回答畫面：

> 請寫出十個較會引入感興趣的關於林書豪(Jeremy Lin)的Instagram post標題
>
> 1. "我的首次CBA之旅：這裡是我新的家！CN🏀🏠"
> 2. "練球不只是在場上：我如何鍛鍊自己的心態和身體素質💪🏀"
> 3. "承諾是誓言，不是藉口：為什麼我選擇加入北京首鋼籃球隊🏆CN"
> 4. "每一個失敗都是一個機會：回顧我在NBA的職業生涯🏀🏅"
> 5. "來自紐約的祝福：感謝所有支持我的人🙏🏀 #NewYorkForever"
> 6. "我在CBA的第一個週年紀念：這是一個不可思議的經歷CN🌟🎉"
> 7. "籃球是一個團隊運動：如何與我的隊友們建立更好的默契❤️🏀"
> 8. "從運動員到企業家：我如何為我的未來做好準備🏀💼"
> 9. "做一個有影響力的領袖：我如何在場上和場下影響我的粉絲和支持者👥🏀"
> 10. "成功不是最終目標：如何保持對籃球和生活的熱情和動力🔥🏀"

輸入問題：

請寫出「每一個失敗都是一個機會：回顧我在 NBA 的職業生涯🏀🏅」的 Instagram post 貼文

ChatGPT 回答畫面：

> 請寫出"每一個失敗都是一個機會：回顧我在NBA的職業生涯🏀🏅"的Instagram post內文
>
> 大家好，今天我想談談我在NBA的職業生涯。作為一個職業籃球運動員，我經歷了許多高低起伏，也經歷了很多失敗。但是我始終相信，每一個失敗都是一個機會。
>
> 當我第一次進入NBA時，我曾被視為一個不夠優秀的球員。我被忽略了，沒有被選中，也沒有得到太多的關注。但這些挫折並沒有讓我放棄。相反地，我更加堅定了自己的信念，認為只要努力，我就能夠在NBA中立足。
>
> 在NBA的生涯中，我經歷了很多失敗。有的是因為自己的技術不夠好，有的是因為缺乏經驗和智慧。但是我並不會被這些失敗打敗。相反地，我會從中吸取教訓，努力變得更好。
>
> 我的NBA生涯並不是一帆風順的。我經歷過許多困難和挫折，但是我從中學到了很多東西，也因此變得更加堅強和堅定。我的職業生涯給了我很多機會去成長和發展，讓我能夠在籃球場上展現自己的技術和才華。
>
> 我希望我能夠在自己的職業生涯中，繼續成長和進步，我會繼續對自己的技術和才華保持挑戰和追求，因為我相信每一個失敗都是一個機會。謝謝大家的支持和關注，讓我能夠在籃球場上發光發熱！

對話範例：生成部落格文章

輸入問題：

請寫出十個值得推薦高雄旅遊景點的部落格文章標題

ChatGPT 回答畫面：

 請寫出十個值得推薦高雄旅遊景點的部落格文章標題

1. 「在城市中尋找自然：高雄最美公園推薦」
2. 「高雄必訪的五大文化景點」
3. 「探訪高雄最受歡迎的夜市美食」
4. 「別有洞天的高雄老街：鹽埕區探索之旅」
5. 「高雄必去的五大海灘，夏日好去處！」
6. 「品味高雄的特色小吃：旗津島上的美食之旅」
7. 「高雄必遊的四大主題公園，好玩好拍照！」
8. 「漫步高雄的後花園：旗津後勁湖風景區」
9. 「高雄必去的三大歷史建築，見證城市的發展」
10. 「從港口走入歷史：高雄港區文化之旅」

輸入問題：

請寫一篇上面標題「高雄必訪的五大文化景點」的部落格文章

ChatGPT 回答畫面：

 請寫一篇上面標題「高雄必訪的五大文化景點」的部落格文章

高雄作為台灣南部的重要城市，不僅擁有豐富的自然景觀，還有著許多文化景點值得探訪，在這篇部落格中，我們要介紹高雄必訪的五大文化景點。

1. 高雄鳳山文化園區
   位於鳳山區的高雄文化園區，是由鳳山糖廠改建而成，保存了許多懷舊風格的建築，也展示了當地的歷史文化。遊客可以在這裡欣賞到許多藝術展覽，也可以參加各種文化活動。
2. 高雄市立歷史博物館
   高雄市立歷史博物館位於鼓山區，是一座專門收藏高雄市歷史文物的博物館，博物館內收藏了大量的古文物，照片、文獻等，展示了高雄市的歷史和文化發展。
3. 高雄市立美術館
   高雄市立美術館是一座現代藝術博物館，位於左營區，館內收藏了豐富的現代藝術作品，還經常舉辦各種主題展覽，吸引了眾多藝術愛好者前來參觀。
4. 旗津海上風景區
   旗津是高雄著名的觀光勝地之一，位於旗津區的海上風景區是遊客必訪的景點之一。遊客可以搭乘渡輪前往旗津，欣賞到美麗的海景和潔白的沙灘，還可以品嚐當地的海鮮美食。
5. 美麗島捷運站
   美麗島捷運站是高雄的地標建築之一，位於前鎮區，是高雄捷運紅線的轉運站。這座建築以其獨特的造型和豐富的藝術裝飾聞名，遊客可以在這裡拍照留念，也可以欣賞到許多藝術作品。

以上是高雄必訪的五大文化景點，每個景點都有其

輸入問題：

請繼續

ChatGPT 回答畫面：

請繼續

4. 高雄市立美術館
　高雄市立美術館位於高雄市鼓山區，建築外觀獨特，是一座現代風格的大型文化藝術建築，設計者是知名建築師周銘發，美術館內收藏著眾多珍貴的文化藝術品，包括中國古代青銅器、陶瓷、書畫等。另外，美術館也會不定期舉辦各種展覽，吸引著許多國內外的藝術愛好者前來參觀。

5. 高雄市立圖書館
　高雄市立圖書館位於高雄市苓雅區，是一座現代化的大型圖書館。圖書館內擁有豐富的圖書資源和電子資源，提供各種閱讀和學習場所，是高雄市民的重要學習場所之一。此外，圖書館也會舉辦各種文化活動，例如講座、展覽、讀書會等，深受市民喜愛。

以上就是高雄必訪的五大文化景點，每個景點都有其獨特的文化內涵，讓人感受到不同的藝術魅力。如果你想要深入了解高雄的文化風情，不妨安排一天時間來探訪這五大景點，相信一定會留下難忘的回憶。

速覽 YouTube 影片摘要
（YouTube Summary with ChatGPT）

　「他山之石，可以攻錯！」如果行銷團隊想要參考國外其他同業的網站或社群行銷影片技巧，ChatGPT 幫助我們自動快速產生像是新聞、網站、YouTube 影片摘要、網頁文章等的摘要內容，例如「YouTube Summary with ChatGPT」是一個免費的 Chrome 擴充功能，可讓您透過 ChatGPT AI 技術快速觀看的 YouTube 影片的摘要內容，有了這項擴充功能，能節省觀看影片的大量時間，加速學習。另外，您可以通過在 YouTube 上瀏覽影片時，點擊影片縮圖上的摘要按鈕，來快速查看影片摘要。

　首先請在「chrome 線上應用程式商店」輸入關鍵字「YouTube Summary with ChatGPT」，接著點選「YouTube Summary with ChatGPT」擴充功能：

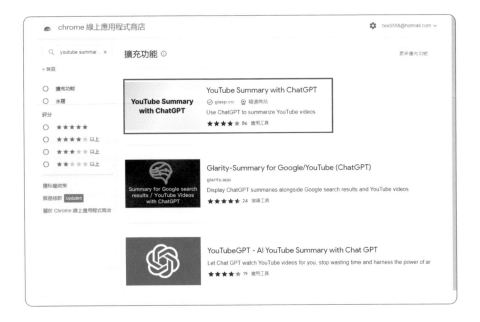

接著會出現下圖畫面，請按下「加到 Chrome」鈕：

出現下圖視窗後，再按「新增擴充功能」鈕：

完成安裝後，各位可以先看一下有關「YouTube Summary with ChatGPT」擴充功能的影片介紹，就可以大概知道這個外掛程式的主要功能及使用方式：

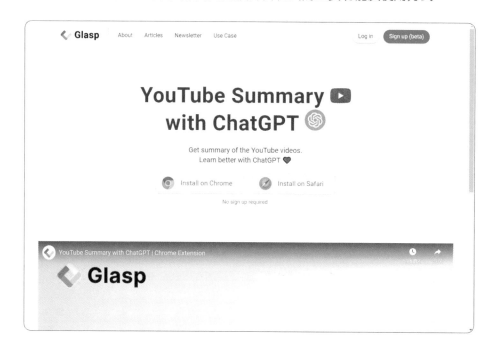

接著我們就以實際例子來示範如何利用這項外掛程式的功能，首先請連上YouTube 觀看想要快速摘要了解的影片，接著按「YouTube Summary with ChatGPT」擴充功能右方的展開鈕：

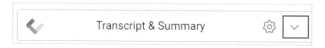

就可以看到這支影片的摘要說明，如下圖所示：

網址：youtube.com/watch?v=s6g68rXh0go

在上圖中各位可以看到一個工具列 ，由左到右的功能分別為「View AI Summary」、「Jump to Current Time」、「Copy Transcript（Plain Text）」三項功能。其中「View AI Summary」鈕會啟動 ChatGPT 來查看該影片的摘要功能，如下圖所示：

其中「Jump to Current Time」鈕則會直接跳到目前影片播放位置的摘要文字說明，如下圖所示：

其中「Copy Transcript（Plain Text）」鈕則會複製摘要說明的純文字檔，各位可以依自己的需求貼上到指定的文字編輯器來加以應用。例如下圖為摘要文字內容貼到 Word 文書處理軟體的畫面：

其實 YouTube Summary with ChatGPT 這款擴充功能，它的原理就是利用 YouTube 的影片字幕提供這項服務。AI 聊天機器人 ChatGPT，可以根據這個字幕的文字內容，快速摘要出這支影片的主要重點。在方框旁有一個複製的按鈕，可以幫我們將文字丟入 ChatGPT，ChatGPT 就會幫我們摘要一段英文。如下圖所示：

In this video, Dr. Arthur Brooks, a Harvard professor, discusses the misconception that many people have about happiness. He argues that the common model of satisfaction, which suggests that working hard, making money, being successful, admired, and envied will lead to happiness, is wrong.

Dr. Brooks explains that research shows that money does not actually bring happiness. Instead, it may only lower unhappiness temporarily. People often mistake lower unhappiness for higher happiness and believe that more money will make them happier. However, this is not the case.

According to Dr. Brooks, true happiness comes from being in the zone of what you love to do and what you appreciate most in life. It has to do with being in line with your own values and living according to your own integrity. He quotes Carl Jung, who believed that to be happy, you need to understand your own values and live according to them.

Dr. Brooks encourages people to find what they truly love to do and to pursue that, rather than chasing extrinsic lures like money, power, pleasure, and fame. He believes that people who live outside their groove and do not follow their own values are never in equilibrium and are never truly comfortable in their own skin.

Overall, Dr. Brooks argues that true happiness comes from being true to yourself and doing what you love, rather than from external factors like money or status.

接著我們再輸入「請將上述英文翻譯成繁體中文」，就可以馬上翻譯成如下的成果：

 請將上述英文翻譯成繁體中文

在這段影片中，哈佛大學教授阿瑟·布魯克斯談到了關於快樂的一個常見誤解。他認為常見的滿足模式是錯誤的，這種模式告訴你要努力工作、賺錢、成功、受人敬仰、被人羨慕、存錢，然後開心地死去。然而，這是錯誤的。除了金錢，研究顯示金錢並不能帶來真正的快樂。金錢能夠暫時降低不快感，但快樂和不快樂是不同的體驗，並不是相反的。

人們常常把不快感誤認為快樂，認為越賺錢越幸福，但事實並非如此。布魯克斯教授指出，真正的快樂來自於做自己真正喜愛和欣賞的事情。當你與自己的價值觀相符合，按照自己的價值觀生活時，你才會真正快樂。卡爾·榮格曾這樣解釋快樂：你需要了解自己的價值觀，了解自己認為什麼是正確的、道德的，如果你知道這些並能表達出來，按照這些價值觀生活，你就會快樂。

如果你同意這種觀點，那麼布魯克斯教授認為這是有很多道理的，因為你需要找到自己的世界觀，知道自己認為什麼是真理，然後按照自己的價值觀、自己的正直生活。當人們生活在這個軌道之外時，他們永遠不會達到平衡，他們永遠不會真正感到自在。因此，布魯克斯教授鼓勵人們找到自己真正喜愛的事情，而不是追逐金錢、權力、享樂和名譽等外在誘惑。他認為，那些生活在軌道之外、沒有按照自己的價值觀生活的人，永遠無法真正感到舒適自在。

如果你已經拿到 New Bing 的權限，可以直接使用 New Bing 上面的問答引擎，輸入「請幫我摘要這個網址影片：https://www.youtube.com/watch?v=s6g68rXh0go」，萬一如果輸入 YouTube 上瀏覽器的網址沒有成功，建議影片的網址改放 YouTube 上面分享的短網址，例如：「請幫我摘要這個網址影片：https://youtu.be/s6g68rXh0go」，也能得到這個影片的摘要。

9-4 讓 ChatGPT 將 YouTube 影片轉成音檔（mp3）

我們可以利用與 ChatGPT 對話，請他協助寫一支 Python 程式，可以教您如何將指定網址的 YouTube 影片轉成音檔（mp3）。完整的操作過程如下：

請 ChatGPT 寫程式

輸入問題：

我使用的程式語言是 Python，請問有辦法抓取 YouTube 影片的音檔嗎？

ChatGPT 回答畫面：

從上述 ChatGPT 的回答畫面中，ChatGPT 也提到這個範例程式碼只會下載影片的音軌，如果您需要下載影片的影像，可以使用 yt.streams.filter(only_video=True).first() 取得影像軌，並進行下載。

安裝 pytube 套件

為了可以順利下載音軌或影像軌，請確保您已經安裝 pytube 套件。如果沒有安裝，可以在「命令提示字元」的終端機，使用「pip install pytube」指令進行安裝。如下圖所示：

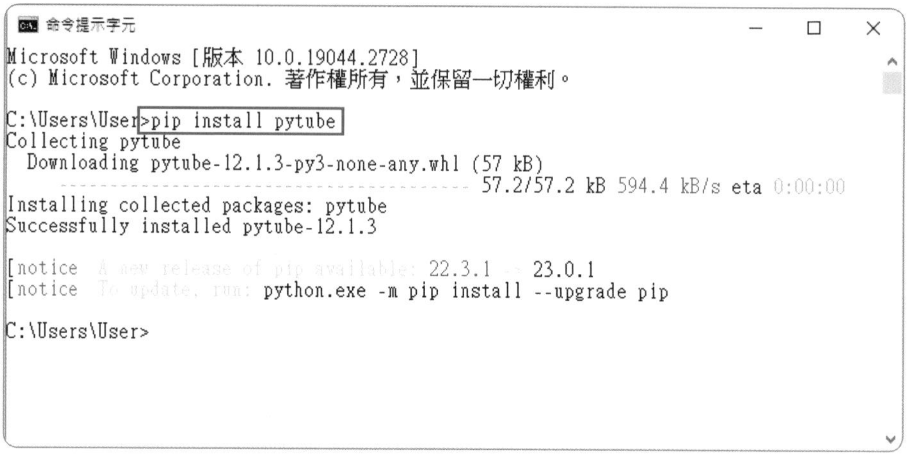

```
命令提示字元                                                    —    □    ×
Microsoft Windows [版本 10.0.19044.2728]
(c) Microsoft Corporation. 著作權所有，並保留一切權利。

C:\Users\User>pip install pytube
Collecting pytube
  Downloading pytube-12.1.3-py3-none-any.whl (57 kB)
                                    57.2/57.2 kB 594.4 kB/s eta 0:00:00
Installing collected packages: pytube
Successfully installed pytube-12.1.3

[notice] A new release of pip available: 22.3.1 -> 23.0.1
[notice] To update, run: python.exe -m pip install --upgrade pip

C:\Users\User>
```

修改影片網址及儲存路徑

開啟 Python 整合開發環境 IDLE，並複製貼上 ChatGPT 幫忙撰寫的程式，同時將要下載的 YouTube 的影片網址更換成自己想要下載的音檔的網址，並修改程式中的儲存路徑，例如本例中的「D:\music」資料夾。

```
ytdownload.py - C:/Users/User/Desktop/博碩_ChatGPT/範例檔/ytdownload.py (3.11.0)    —    □    ×
File  Edit  Format  Run  Options  Window  Help

from pytube import YouTube

# 建立 YouTube 物件
yt = YouTube('https://www.youtube.com/watch?v=BA8eD6G8zEA&t=25s')

# 取得影片中的音軌
audio = yt.streams.filter(only_audio=True).first()

# 下載音軌到指定位置
audio.download(output_path='D:\music')

                                                              Ln: 11   Col: 0
```

不過一定要事先確保 D 硬碟這個 music 資料夾已建立好，如果還沒建立這個資料夾，請先於 D 硬碟按滑鼠右鍵，從快顯功能表中新建資料夾。如下圖所示：

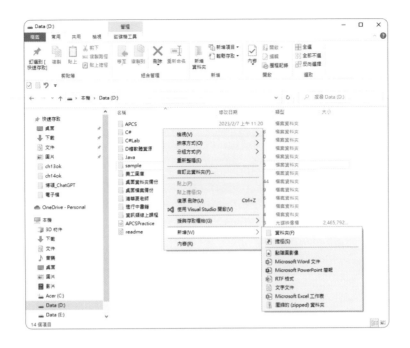

建立好資料夾之後，可以看出目前的資料夾是空的，沒有任何檔案。如下圖所示：

執行與下載影片音檔（mp3）

接著請各位在 IDLE 執行「Run/Run Module」指令：

程式執行完成後，如果沒有任何錯誤，就會出現如下圖的程式執行結束的畫面：

```
IDLE Shell 3.11.0                                                    —  □  ×
File  Edit  Shell  Debug  Options  Window  Help
    Python 3.11.0 (main, Oct 24 2022, 18:26:48) [MSC v.1933 64 bit (AMD64)] on win32
    Type "help", "copyright", "credits" or "license()" for more information.
>>>
    ========= RESTART: C:/Users/User/Desktop/博碩_ChatGPT/範例檔/ytdownload.py =========
>>>
                                                                    Ln: 5  Col: 0
```

接著各位只要利用檔案總管開啟位於 D 硬碟的「music」資料夾，就可以看到已成功下載該 YouTube 網址的影片轉成音檔（mp3）。如下圖：

點選該音檔圖示,就會啟動各位電腦系統的媒體播放器來聆聽美妙的音樂。

請注意,這邊要提醒大家,不要未經授權下載有版權保護的影片喔!

|9-5| 活用 GPT-4 撰寫行銷文案

本章主要介紹如何利用 ChatGPT 發想產品特點、關鍵字與標題,並利用 ChatGPT 撰寫 IG、FB、Google、短影片文案,以及如何利用 ChatGPT 發想行銷企劃案。在本章中,我們將會介紹如何使用 ChatGPT 來協助您的行銷策略,並提供一些有用的技巧和建議。例如在向客戶提案前需要先準備 6 個創意,可以先把一些關鍵字詞丟進 ChatGPT,團隊再從其中挑選合適的意見進行修改或增刪,最好記得人手編修校正,因為 ChatGPT 畢竟是 AI,生產出來的內容,無法 100% 符合店家行銷思維的完整答案。

接下來的例子採用微軟 Edge 瀏覽器內建的新 Bing(New Bing)搜尋引擎來示範如何活用 GPT-4 撰寫行銷文案,主要目的是要以「油漆式速記多國語言雲端學習系統」為例,完整示範如何請 ChatGPT 撰寫行銷文案。

🎧 https://pmm.zct.com.tw/zct_add/

利用 ChatGPT 發想產品特點、關鍵字與標題

在現代商業社會，創新和行銷是推動業務增長的核心。如何讓您的產品在競爭激烈的市場中脫穎而出，是每一個企業都面臨的挑戰。利用 ChatGPT 作為一個智能的創意輔助工具，可以幫助您發想產品特點、關鍵字和標題，提高行銷效果。本小節將介紹如何利用 ChatGPT 這一工具來挖掘產品賣點的關鍵字，推薦適合的行銷文案標題，並提供一些有用的技巧和建議。讓您的產品更加吸引眼球，促進銷售增長。

請教 ChatGPT 行銷產品的摘要特點

提問：

漆式速記多國語言雲端學習系統是什麼

回答畫面：

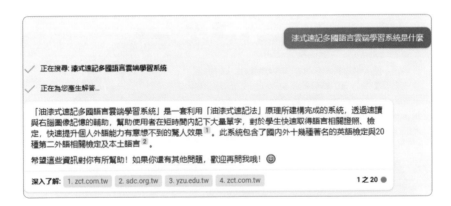

找出賣點的關鍵字

提問：

請列出漆式速記多國語言雲端學習系統介紹中的幾個重要關鍵字

回答畫面：

> 請列出涑式速記多國語言雲端學習系統介紹中的幾個重要關鍵字

當然可以！介紹中的重要關鍵字有「油漆式速記法」、「速讀」、「右腦圖像記憶」、「大量單字」、「語言相關證照、檢定」、「快速提升個人外語能力」、「國內外十幾種著名的英語檢定與20種第二外語相關檢定及本土語言」等等。希望這些資訊對你有所幫助！如果你還有其他問題，歡迎再問我哦！☺

2 之 20 ●

推薦行銷文案標題

提問：

我想寫一篇行銷文案，請列出針對上述幾個重要關鍵字重點，列出 5 個行銷文案的標題

回答畫面：

> 我想寫一篇行銷文案，請列出針對上述幾個重要關鍵字重點，列出5個行銷文案的標題

當然可以！以下是我為您準備的5個行銷文案標題：

1. 用「油漆式速記法」，快速提升你的外語能力！
2. 油漆式速記多國語言雲端學習系統，讓你輕鬆應對各種語言檢定！
3. 油漆式速記多國語言雲端學習系統，讓你在短時間內記下大量單字！
4. 油漆式速記多國語言雲端學習系統，讓你的學習更有效率！
5. 油漆式速記多國語言雲端學習系統，讓你的學習更有成效！

希望這些標題能夠幫助到您！如果您還有其他問題，歡迎再問我哦！☺

3 之 20 ●

| 9-6 | 用 AI 寫 IG、FB、Google、短影片文案

社群媒體和網路廣告成為現代企業行銷的重要途徑。撰寫引人入勝的社群媒體文案和廣告文案，能夠吸引目標客戶的注意力，提高產品的知名度和銷售量。此外，在短影片和演講推廣等方面，撰寫精煉而又生動有趣的文案也是至關重要的。利用 ChatGPT 智能寫作輔助工具，可以協助您撰寫各種社交媒體和網路廣告的文案，讓您的產品更容易被消費者所發現和喜愛。

在本小節中，我們將會介紹如何使用 ChatGPT 來協助您撰寫不同社群平台的行銷文案和腳本，並提供一些有用的技巧和建議。包括如何利用 ChatGPT 撰寫 FACEBOOK 社群行銷文案、IG 社群行銷文案、Google 平台的廣告文案，以及撰寫抖音短影片腳本和演講推廣的流程大網。

撰寫 FACEBOOK 社群行銷文案

提問：

請針對 " 油漆式速記多國語言雲端學習系統，讓你在短時間內記下大量單字！" 這個標題寫一篇適合 Facebook 平台的社群行銷文案
字數：200 字以內
廣告目標：吸引有大量背單字需求的使用者
文案風格：專業

回答畫面：

請針對"油漆式速記多國語言雲端學習系統，讓你在短時間內記下大量單字！"這個標題寫一篇適合 Facebook平台的社群行銷文案 字數：200字以內 廣告目標：吸引有大量背單字需求的使用者 文案風格：專業

當然可以！以下是我為您準備的Facebook社群行銷文案：

「油漆式速記多國語言雲端學習系統」，讓你在短時間內記下大量單字！如果你正在準備各種語言檢定，或是想要快速提升自己的外語能力，那麼這個系統絕對是你不可錯過的好幫手！利用「油漆式速記法」原理所建構完成的系統，透過連續與右腦圖像記憶的輔助，幫助使用者在短時間內記下大量單字，讓你的學習更有效率、更有成效！如果你有大量背單字的需求，那麼這個系統一定能夠滿足你的需求。現在就來體驗「油漆式速記多國語言雲端學習系統」，讓你的學習事半功倍！

4 之 20

撰寫 IG 社群行銷文案

提問：

請針對 " 用「油漆式速記法」，快速提升你的外語能力！" 這個標題寫一篇適合 IG 平台的社群行銷文案
字數：200 字以內
廣告目標：吸引有想快提升外語能力的的使用者
文案口吻：活潑、幽默

回答畫面：

> 請針對"用「油漆式速記法」，快速提升你的外語能力！"這個標題寫一篇適合IG平台的社群行銷文案 字數：200字以內 廣告目標：吸引有想快速提升外語能力的的使用者 文案口吻：活潑、幽默
>
> 當然可以！以下是我為您準備的IG社群行銷文案：
>
> 「用「油漆式速記法」，快速提升你的外語能力！」如果你正在為了各種語言檢定而煩惱，或是想要快速提升自己的外語能力，那麼這個系統絕對是你不可錯過的好幫手！利用「油漆式速記法」原理所建構完成的系統，透過速讀與右腦圖像記憶的輔助，幫助使用者在短時間內記下大量單字，讓你的學習更有效率、更有成效！如果你想要快速提升自己的外語能力，那麼這個系統一定能夠滿足你的需求。現在就來體驗「油漆式速記多國語言雲端學習系統」，讓你的學習事半功倍！
>
> 5之20 ●

撰寫 Google 平台的廣告文案

提問：

請針對 " 油漆式速記多國語言雲端學習系統，讓你輕鬆應對各種語言檢定！" 這個標題寫一篇適合 Google 平台的廣告文案

字數：200 字以內

文案口吻：活潑、幽默

回答畫面：

> 請針對"油漆式速記多國語言雲端學習系統，讓你輕鬆應對各種語言檢定！"這個標題寫一篇適合Google平台的廣告文案 字數：200字以內 文案口吻：活潑、幽默
>
> 當然可以！以下是我為您準備的Google廣告文案：
>
> 「油漆式速記多國語言雲端學習系統，讓你輕鬆應對各種語言檢定！」如果你正在為了各種語言檢定而煩惱，或是想要快速提升自己的外語能力，那麼這個系統絕對是你不可錯過的好幫手！利用「油漆式速記法」原理所建構完成的系統，透過速讀與右腦圖像記憶的輔助，幫助使用者在短時間內記下大量單字，讓你的學習更有效率、更有成效！如果你想要輕鬆應對各種語言檢定，那麼這個系統一定能夠滿足你的需求。現在就來體驗「油漆式速記多國語言雲端學習系統」，讓你的學習事半功倍！
>
> 6之20 ●

撰寫抖音短影片腳本

抖音（TikTok）短影音平台是近年來 Z 世代相當流行的風潮，甚至於躍升台灣網友愛用社交平台前五名。相當每三人就有一人熱衷使用 TikTok，更是連續四年蟬聯全球 APP 下載量排行榜冠軍。抖音（TikTok）看準了年輕人「愛秀成癮」的

「短」、「快」、「即時」行動影音傳播趨勢，讓許多人直接透過手機輕鬆拍攝短視頻影片。錄製 15 秒至 1 分鐘 3 分鐘或者更長的影片之後，再搭配耳熟能詳的旋律，並不斷進行內容創意的延展，將個人的創意和想法表現在影片當中，就能讓內容輕鬆吸引全球觀眾的目光。

提問：

請針對 " 油漆式速記多國語言雲端學習系統，讓你在短時間內記下大量單字！" 這個標題寫一篇一分鐘短影片腳本
必須以條列式方式呈現，且必須有短影片角色設定
字數：100 字以內

回答畫面：

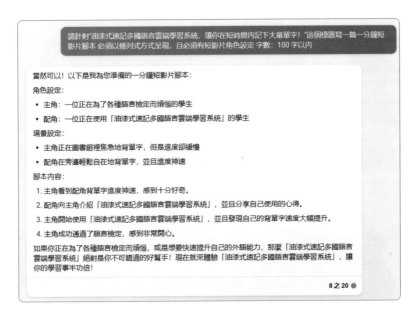

撰寫演講推廣的流程大綱

提問：

我想去各學校以演講方式推廣行銷 " 油漆式速記多國語言雲端學習系統 "，請幫我規劃一個 90 分的演講流程的大綱

回答畫面：

我想去各學校以演講方式推廣行銷「油漆式速記多國語言雲端學習系統」,請幫我規劃一個90分的演講流程的大綱

當然可以！以下是我為您規劃的90分演講流程大綱：

1. 開場白（5分）
- 自我介紹
- 簡單介紹「油漆式速記多國語言雲端學習系統」
2. 介紹「油漆式速記法」（10分）
- 介紹「油漆式速記法」的原理
- 說明「油漆式速記法」如何幫助學生快速背單字
3. 介紹「油漆式速記多國語言雲端學習系統」（10分）
- 介紹「油漆式速記多國語言雲端學習系統」的功能
- 說明「油漆式速記多國語言雲端學習系統」如何幫助學生快速背單字
4. 示範如何使用「油漆式速記多國語言雲端學習系統」（20分）
- 示範如何使用「油漆式速記多國語言雲端學習系統」背單字
- 示範如何使用「油漆式速記多國語言雲端學習系統」應對各種語言檢定
5. 分享使用心得（20分）
- 分享使用「油漆式速記多國語言雲端學習系統」的心得
- 分享使用「油漆式速記多國語言雲端學習系統」後的成果
6. Q&A 環節（15分）
- 回答現場觀眾的問題

如果您需要更詳細的內容，請告訴我，我會盡力提供更詳盡的規劃。

|9-7| 利用 ChatGPT 發想行銷企劃案

行銷企劃案是企業制定行銷策略和計劃的重要工具。有效的行銷企劃案可以幫助企業在競爭激烈的市場中獲得更大的優勢，提高品牌知名度和銷售量。然而，制定一個成功的行銷企劃案需要對市場和消費者進行深入的分析和了解，這對許多企業來說是一個挑戰。

利用 ChatGPT 這一智能創意輔助工具，可以幫助企業快速發想出多樣化的行銷企劃案，從而更好地應對市場變化和客戶需求。本小節將介紹如何利用 ChatGPT 發想出多種行銷企劃案，並且推薦其他的行銷方式，讓企業在行銷方面更具創新性和競爭力。

請 ChatGPT 寫三個行銷企劃案

提問：

除了上述的文案撰寫及演講推廣之外，能否給我規劃三個行銷企劃案

回答畫面：

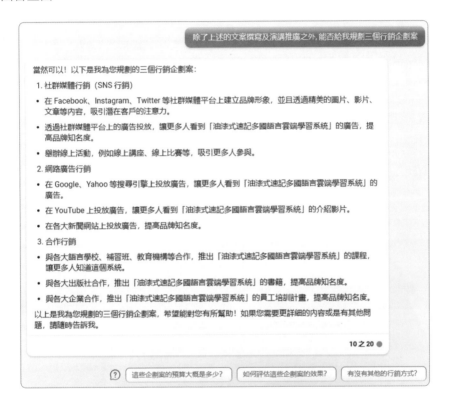

請 ChatGPT 推薦其他的行銷方式

提問：

直接按下回答框下方的「有沒有其他的行銷方式？」

回答畫面：

> 有沒有其他的行銷方式?

當然可以！以下是我為您提供的其他行銷方式：

4. 口碑行銷

- 邀請使用者分享使用心得，並且在社群媒體平台上分享，提高品牌知名度。
- 舉辦線下活動，例如語言學習交流會、沙龍等，讓更多人了解「油漆式速記多國語言雲端學習系統」。
- 與各大語言學校、補習班、教育機構等合作，推出試用計畫，讓更多人體驗「油漆式速記多國語言雲端學習系統」。

5. 內容行銷

- 在自己的官方網站上發布有關「油漆式速記多國語言雲端學習系統」的文章、影片等內容，提高品牌知名度。
- 在各大論壇、社群媒體平台上發布有關「油漆式速記多國語言雲端學習系統」的文章、影片等內容，提高品牌知名度。
- 舉辦線上講座、線上課程等，提供有關「油漆式速記多國語言雲端學習系統」的相關知識，吸引更多人了解這個系統。

以上是我為您提供的其他行銷方式，希望能對您有所幫助！如果您需要更詳細的內容或是有其他問題，請隨時告訴我。

11 之 20 ●

請 ChatGPT 總結行銷方式的效果

提問：

直接按下回答框下方的「這些行銷方式的效果如何？」

回答畫面：

> 這些行銷方式的效果如何?

每一種行銷方式的效果都不同，以下是我為您整理的效果：

1. 社群媒體行銷（SNS 行銷）

- 可以提高品牌知名度，吸引更多人關注「油漆式速記多國語言雲端學習系統」。
- 可以透過社群媒體平台上的廣告投放，讓更多人看到「油漆式速記多國語言雲端學習系統」的廣告。
- 可以舉辦線上活動，例如線上講座、線上比賽等，吸引更多人參與。

2. 網路廣告行銷

- 可以讓更多人看到「油漆式速記多國語言雲端學習系統」的廣告。
- 可以在各大新聞網站上投放廣告，提高品牌知名度。

3. 合作行銷

- 可以與各大語言學校、補習班、教育機構等合作，推出「油漆式速記多國語言雲端學習系統」的課程，讓更多人知道這個系統。
- 可以與各大出版社合作，推出「油漆式速記多國語言雲端學習系統」的書籍，提高品牌知名度。
- 可以與各大企業合作，推出「油漆式速記多國語言雲端學習系統」的員工培訓計畫，提高品牌知名度。

4. 口碑行銷

- 可以邀請使用者分享使用心得，提高品牌知名度。
- 可以舉辦線下活動，例如語言學習交流會、沙龍等，讓更多人了解「油漆式速記多國語言雲端學習系統」。
- 可以與各大語言學校、補習班、教育機構等合作，推出試用計畫，讓更多人體驗「油漆式速記多國語言雲端學習系統」。

從上面的實例可以發現 ChatGPT 確實可以幫助行銷人員快速產生各種文案，如果希望文案的品質更加符合自己的期待，就必須在下達指令時要更加明確，也可以設定回答內容的字數或文案風格，也就是說，能夠精準提供給 ChatGPT 想產生文案屬性的指令，就可以產出更符合我們期待的文案。

不過還是要特別強調，ChatGPT 只是個工具，它只是給你靈感及企劃方向或減少文案的撰寫時間，行銷人員還是要加入自己的意見，以確保文案的品質及行銷是否符合產品的特性或想要強調的重點，這些工作還是少不了有勞專業的行銷人員幫忙把關。當行銷人員下達指令後產出的文案成效不佳，這種情況下就要檢討自己是否提問的資訊不夠精確完整，或是要行銷產品的特點不夠瞭解，只要各位行銷人員也能精進與 ChatGPT 的互動的方式，持續訓練 ChatGPT，相信一定可以大幅改善行銷文案產出的品質，讓 ChatGPT 成為文案撰寫及行銷企劃的最佳幫手。

|9-8| 文字轉圖片 - 用 DALL-E 2 生成圖片

隨著人工智慧技術的進步，越來越多的 AI 平台應運而生，提供各種各樣的功能，如文字轉圖片、影片製作、人物動畫、繪圖等。這些平台的出現，讓我們能夠更加輕鬆地實現創意想法，同時也拓展了我們的創作領域。

DALL-E 2 是一種人工智慧模型，是 OpenAI 於 2021 年推出的。它是 DALL-E 模型的升級版，其名稱是由「Dali」和「Wall-E」兩個詞彙組合而成，意味著「像達利和機器人一樣的人工智慧」。

DALL-E 2 利用深度學習和生成對抗網路（GAN）技術來生成圖像，並且可以從自然語言描述中理解和生成相應的圖像。例如，當給定一個描述「請畫出有很多氣球的生日禮物」時，DALL-E 2 可以生成對應的圖像。

DALL-E 2 模型的重要特點是它具有更高的圖像生成質量和更大的圖像生成能力，這使得它可以創造出更複雜、更具細節和更逼真的圖像。DALL-E 2 模型的應用非常廣、而且商機無窮，可以應用於視覺創意、商業設計、教育和娛樂等各個領域。

要體會這項文字轉圖片的 AI 利器，可以連上 https://openai.com/dall-e-2/ 網站，接著請按下圖中的「Try DALL-E」鈕：

再按下「Continue」鈕表示同意相關條款：

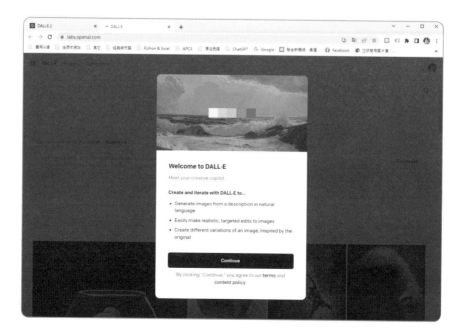

如果想要馬上試試，就可以按下圖的「Start creating with DALL-E」鈕：

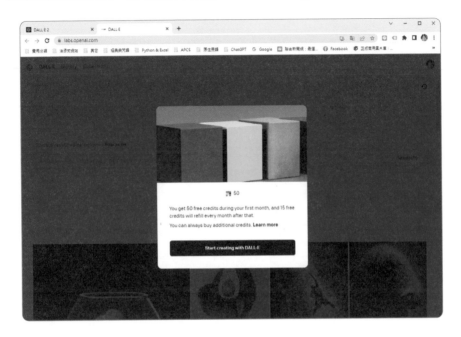

接著請輸入關於要產生之圖像的詳細描述，例如下圖輸入「請畫出有很多氣球的生日禮物」，再按下「Generate」鈕：

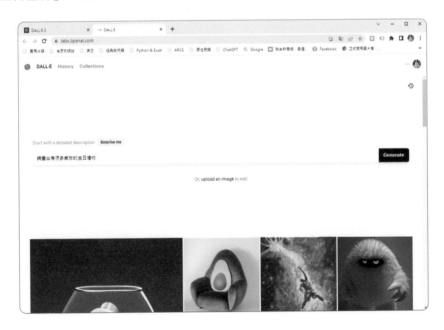

之後就可以快速生成質量相當高的圖像。如下圖所示：

|9-9| 文字轉影片 - 用 ChatGPT 和剪映軟體製作影片

當 ChatGPT 日益受到大家的關注後，透過它的幫忙可以快速為 YouTuber 製作影片內容，也能透過它來進行產品的宣傳。特別是 ChatGPT 和剪映軟體二者合體，那麼不管是文字腳本、圖片、字幕、旁白錄音、配樂等，只要幾分鐘的時間就可以搞定，而且生成的影片品質可比擬專業水準。這一小節就來為各位做說明，如何利用 ChatGPT 和剪映軟體來製作影片。

使用 ChatGPT 構思腳本

首先各位可以在 ChatGPT 上，將想要詢問的主題直接詢問機器人，這裡以端午節為例，請 ChatGPT 簡要告知端午節的由來，並請它以美食專家的身分來介紹三款台灣人最喜歡的粽子。如下圖：

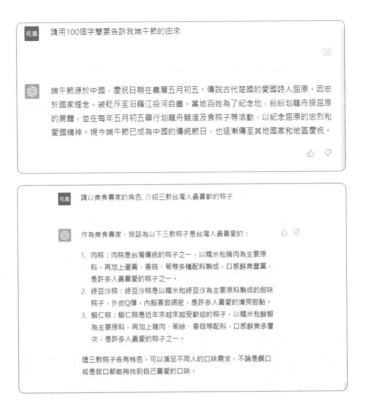

使用記事本編輯文案

對於 ChatGPT 所提供的內容，你可以照單全收。如果想要進一步編修，可以利用 Ctrl+C 鍵「複製」機器人的解答，再到記事本中按 Ctrl+V 鍵「貼上」文案，即可在記事本中編修內容。

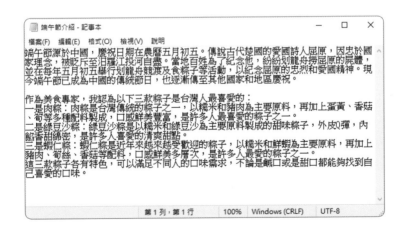

使用剪映軟體製作視訊

　　剪映軟體是一套簡單易用的影片剪輯軟體，可以輸出高畫質且無浮水印的影片，能在 Mac、Windows、手機上使用，不但支援多軌剪輯、還提供多種的素材和濾鏡可以改變畫面效果。剪映軟體可以免費使用，功能又不輸於付費軟體，且支援中文，因此很多自媒體創作者都以它來製作影片。如果要使用剪映軟體，請自行在 Google 搜尋「剪映」，或到它的官網去進行下載。專業版下載網址為：https://www.capcut.cn/?_trms=67db06e7ac082773.1680246341625

　　當你完成下載和安裝程式後，桌面上會顯示 图 圖示鈕，按滑鼠兩下即可啟動程式。啟動程式後會看到如下的首頁畫面，請按下「圖文成片」鈕，即可快速製作影片。

1 按此鈕做圖文成片，使顯示下圖視窗

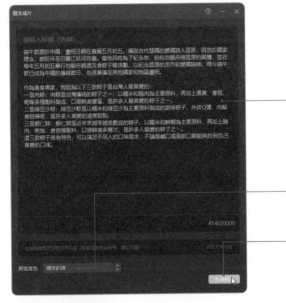

2 在記事本中全選文字，按 Ctrl+C 鍵複製文字後，在此按 Ctrl+V 鍵貼入文字

3 由此選擇朗讀者的音色

4 按此鈕生成視訊

5 影片生成中，請稍待一下

6 完成影片的生成，包含字幕、旁白、圖片、音樂等，按此鈕預覽影片

　　夠屬害吧！一分半的影片只要一分鐘的時間就產生出來了。這樣就不用耗費力氣去找尋適合的圖片或影片素材，旁白和背景音樂也幫你找好，真夠神速！如果有不適合的素材圖片你可以按右鍵來替換素材。

導出視訊影片

　　影片製作完成，最後就是輸出影片，按下右上角的「導出」鈕，除了輸出影片外，依可以一併導出音檔和字幕喔！

1 按此鈕導出影片

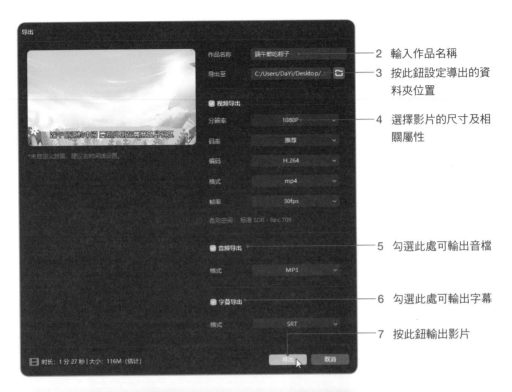

2　輸入作品名稱

3　按此鈕設定導出的資料夾位置

4　選擇影片的尺寸及相關屬性

5　勾選此處可輸出音檔

6　勾選此處可輸出字幕

7　按此鈕輸出影片

按「發布」鈕可發布到抖音或西瓜視頻

按「關閉」鈕離開可在設定的資料夾中看到影片

|9-10| D-ID 讓照片人物動起來

前面我們介紹了利用 ChapGPT 讓機器人幫我們構思有關端午節的介紹。如果你希望有演講者來解說影片的內容，那麼可以考慮使用 D-ID，讓它自動生成 AI 演講者。

準備人物照片

在人物照片方面，你可以選用真人的照片，也可以使用 Midjourney 來生成人物，如下圖所示。如果你有預先將人物照片做去背景處理，屆時匯入到剪映視訊軟體之中，還可以與影片素材整合在一起。

🎙 使用 Midjourney 生成的人物

🎙 已做去背景處理的人物

要將人物做去背景處理很簡單，一般的繪圖軟體就可以做到，你也可以使用線上的 removebg 進行快速去背處理，網址為：https://www.remove.bg/zh

1 將相片拖曳到此處

2 顯示去背的
  結果

3 按此鈕下載
  檔案

　　請將相片拖曳到網站上，幾秒鐘的時間就可以看到去背景的成果，按「下載」
鈕可下載到你的電腦中，待會我們就以去背景的人物匯入到 D-ID 網站。

登入 D-ID 網站

　　有了人物和解說的內容，接下來開啟瀏覽器，搜尋 D-ID，使顯現如下的畫面。
網址為：https://www.d-id.com/

1　按此鈕登入

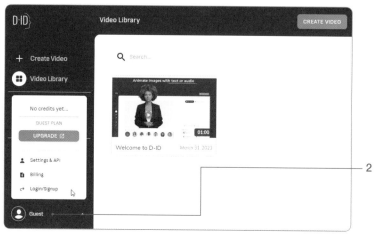

2 按下「Guest」
  訪客鈕，再選擇
  「Login/Signup」

3 在此輸入電子郵件
  和密碼，此處筆者
  以 Google 帳 號 進
  行登入

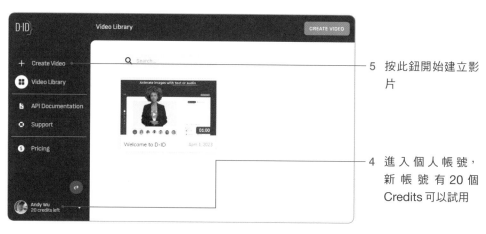

5 按此鈕開始建立影
  片

4 進 入 個 人 帳 號，
  新 帳 號 有 20 個
  Credits 可以試用

進入 D-ID 個人的帳戶後，新用戶有 20 個 Credits 可運用。要建立影片請從左上方按下「Create Video」鈕。

D-ID 讓真人說話

請將 ChapGPT 所生成的文字內容複製後，貼入右側的 Script 欄位，接著在 Language 欄位選擇語言，要使用繁體中文就選擇「Chinese (Taiwanese Mandarin, Traditional) 的選項，Voice 則有男生和女聲可以選擇。人物的部分，你可以直接套用網站上所提供的人物大頭貼也可以按下中間的黑色圓鈕「Add」來加入自己的照片，或是利用 AI 繪圖所完成的人物圖像，按下 🔊 鈕試聽一下人物角色與聲音是否搭配，最後按下右上方的「Generate video」鈕即可生成視訊。

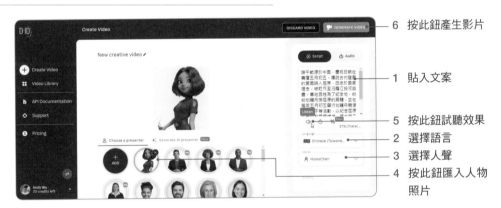

6 按此鈕產生影片
1 貼入文案
5 按此鈕試聽效果
2 選擇語言
3 選擇人聲
4 按此鈕匯入人物照片

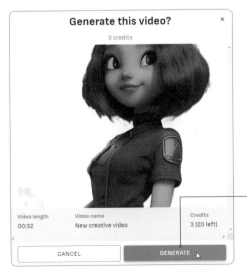

顯示 32 秒的影片會用掉你 3 個 Credits

7 按此鈕產生影片

8 影片完成囉！
　點選可觀看成果

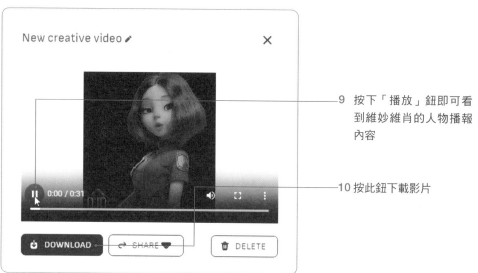

9 按下「播放」鈕即可看
　到維妙維肖的人物播報
　內容

10 按此鈕下載影片

播報人物與剪映整合

　　當我們完成播報人物的匯出後，你可以將動態人物匯入到剪映軟體中做整合，並利用「智能摳像」的功能完成去背處理。去背整合的技巧如下：

1　開啟剪映軟
　體，按此鈕導
　入剛剛下載的
　人物影片

3　拖曳四角的控
　制點調整畫面
　比例，並移到
　想要放置的位
　置

2　將人物拖曳到
　時間軸中擺放

4　從右側面板切
　換到「畫面／
　摳像」

6　瞧！人物去除
　黑色背景，完
　美與背景融合
　載一起

5　點選「智能摳
　像」的選項

這麼簡單就完成影片的製作，各位也來嘗試看看喔！

|9-11| 使用 Midjourney 輕鬆繪圖

Midjourney 是一款輸入簡單的描述文字，就能讓 AI 自動幫您創建出獨特而新奇的圖片程式，只要 60 秒的時間內，就能快速生成四幅作品。

由 Midjourney 產生
的長髮女孩

想要利用 Midjourney 來嘗試作圖，你可以先免費試用，不管是插畫、寫實、3D 立體、動漫、卡通、標誌、或是特殊的藝術風格，它都可以輕鬆幫你設計出來。不過免費版是有限制生成的張數，之後就必須訂閱付費才能夠使用，而付費所產生的圖片可做為商業用途。

申辦 Discord 的帳號

要使用 Midjourney 之前必須先申辦一個 Discord 的帳號，才能在 Discord 社群上下達指令。各位可以先前往 Midjourney AI 繪圖網站，網址為：https://www.midjourney.com/home/ 。

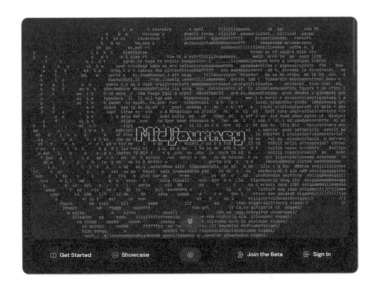

請先按下底端的「Join the Beta」鈕，它會自動轉到 Discord 的連結，請自行申請一個新的帳號，過程中需要輸入個人生日、密碼、電子郵件等相關資訊。由於目前申請的人數眾多，需要幾天的等待時間才能被邀請加入 Midjourney。

登入 Midjourney 聊天室頻道

Discord 帳號申請成功後，每次電腦開機時就會自動啟動 Discord。當你受邀加入 Midjourney 後，你會在 Discord 左側看到 鈕，按下該鈕就會切換到 Midjourney。

1 按此鈕切換到 Midjourney

2 點選「newcomer rooms」中的任一頻道

3 由右側欄位可欣賞其他新成員的作品與下達的關鍵文字

對於新成員，Midjourney 提供了「newcomer rooms」，點選其中任一個含有「newbies-#」的頻道，就可以讓新進成員進入新人室中瀏覽其他成員的作品，也可以觀摩他人如何下達指令。

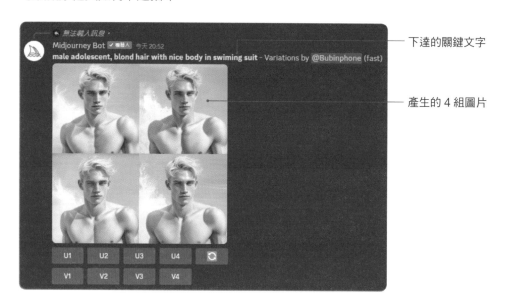

下達的關鍵文字

產生的 4 組圖片

下達指令詞彙來作畫

當各位看到各式各樣精采絕倫的畫作，是不是也想實際嘗試看看！下達指令的方式很簡單，只要在底端含有「＋」的欄位中輸入「/imagine」，然後輸入英文的詞彙即可。你也可以透過以下方式來下達指令：

1 先進入新人室的頻道

2 按此鈕，並下拉選擇「使用應用程式」

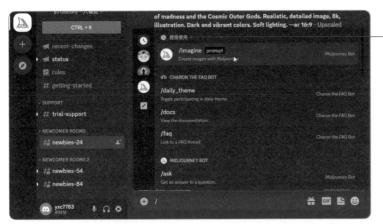

3 再點選此項

4 在 prompt 後方輸入你想要表達的英文字句，按下「Enter」鍵

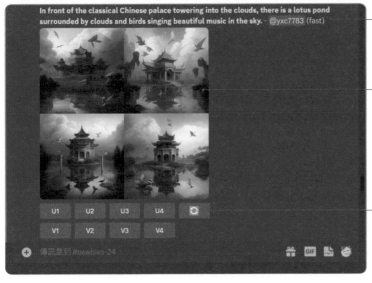

上方會顯示你所下達的指令和你的帳號

5 約莫幾秒鐘，就會在上方顯示出作品

不滿意可按此鈕重新刷新

英文指令找翻譯軟體幫忙

對於如何在 Midjourney 下達指令詞彙有所了解後，再來說說它的使用技巧吧！首先是輸入的 prompt，輸入的指令詞彙可以是長文的描述，也可以透過逗點來連接詞彙。

在觀看他人的作品時，對於喜歡的畫風，你可以參閱他的描述文字，然後應用到你的指令詞彙之中。如果你覺得自己英文不好也沒有關係，可以透過 Google 翻譯或 DeepL 翻譯器之類的翻譯軟體，把你要描述的中文詞句翻譯成英文，再貼入 Midjourney 的指令區即可。同樣地，看不懂他人下達的指令詞彙，也可以將其複製後，以翻譯軟體幫你翻譯成中文。

特別注意的是，由於目前試玩 Midjourney 的成員眾多，洗版的速度非常快，你若沒有看到自己的畫作，就往前後找找就可以看到。

重新刷新畫作

在您下達指令詞彙後，萬一呈現出來的四個畫作與你期望的落差很大，一種方式是修改你所下達的英文詞彙，另外也可以在畫作下方按下 🔄 重新刷新鈕，Midjourney 就會重新產生新的 4 個畫作出來。

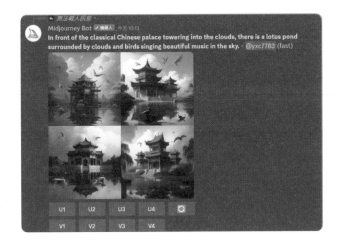

　　如果你想以某一張畫作來進行延伸的變化，可以點選 V1 到 V4 的按鈕，其中 V1 代表左上、V2 是右上、V3 左下、V4 右下。

取得高畫質影像

　　當產生的畫作有符合你的需求，你可以考慮將它保留下來。在畫作的下方可以看到 U1 到 U4 等 4 個按鈕。其中的數字是對應四張畫作，分別是 U1 左上、U2 右上、U3 左下、U4 右下。如果你喜歡右上方的圖，可按下 U2 鈕，它就會產生較高畫質的圖給你，如下圖所示。按右鍵於畫作上，執行「開啟連結」指令，會在瀏覽器上顯示大圖，再按右鍵執行「另存圖片」指令，就能將圖片儲存到你指定的位置。

老鳥鐵了心都要懂的
最夯 Instagram 視覺
化行銷相關專業術語

每個行業都有該領域的專業術語，數位行銷業也不例外，面對一個已經成熟的社群行銷環境，如果不是在電子商務領域工作的從業人員，對這些術語可能就沒這麼熟悉了，以下我們特別整理出這個領域中常見的專業術語。

◪ Accelerated Mobile Pages, AMP（加速行動網頁）

Google 的一種新項目，網址前面顯示一個小閃電型符號，設計的主要目的是在追求效率，就是簡化版 HTML，透過刪掉不必要的 CSS 以及 JavaScript 功能與來達到速度快的效果，對於圖檔、文字字體、特定格式等限定，網頁如果有製作 AMP 頁面，幾乎不需要等待就能完整瀏覽頁面與加載完成，因此 AMP 也有加強 SEO 作用。

◪ Active User（活躍使用者）

在 Google Analytics「活躍使用者」報表可以讓分析者追蹤 1 天、7 天、14 天或 28 天內有多少使用者到您的網站拜訪，進而掌握使用者在指定的日期內對您網站或應用程式的熱衷程度。

◪ Ad Exchange（廣告交易平台）

類似一種股票交易平台的概念運作，讓廣告賣方和聯繫在一起，在此進行媒合與競價。

◪ Advertising（廣告主）

出錢買廣告的一方，例如最常見的電商店家。

◪ Advertorial（業配）

「業務配合」的簡稱，也就是商家付錢請電視台的業務部或是網路紅人對該店家進行採訪，透過電視台的新聞播放或網路紅人的推薦，例如在自身創作影片上以分享產品及商品介紹為主的內容，達成品牌置入性行銷廣告目的，透過影片即可達到觀眾獲取歸屬感，來吸引更多的用戶眼球，並讓觀看者跟著對產品趨之若鶩。

◪ Agency（代理商）

有些廣告對於廣告投放沒有任何經驗，通常會選擇直接請廣告代理商來幫忙規劃與操作。

◨ **Affiliate Marketing（聯盟行銷）**

在歐美已經是被廣泛運用的廣告行銷模式，是一種讓網友與商家形成聯盟關係的新興數位行銷模式。廠商與聯盟會員利用聯盟行銷平台建立合作夥伴關係，讓沒有產品的推廣者也能輕鬆幫忙銷售商品。

◨ **App Store**

蘋果公司針對使用 iOS 作業系統的系列產品，讓用戶可透過手機或上網購買或免費試用裡面 App。

◨ **Apple Pay**

Apple 的一種手機信用卡付款方式，只要使用該公司推出的 iPhone 或 Apple Watch（iOS 9 以上） 相容的行動裝置，並將自己卡號輸入 iPhone 中的 Wallet App，經過驗證手續完畢後，就可以使用 Apple Pay 來購物，還比傳統信用卡來得安全。

◨ **Application（App）**

軟體開發商針對智慧型手機及平板電腦所開發的一種應用程式，APP 涵蓋的功能包括了圍繞於日常生活的的各項需求。

◨ **Application Service Provider, ASP（應用軟體租賃服務業）**

透過網際網路或專線，以租賃的方式向提供軟體服務的供應商承租，僅須定期支付固定租金，即可迅速導入所需之軟體系統，並享有更新升級的服務。

◨ **Artificial Intelligence, AI（人工智慧）**

人工智慧的概念最早是由美國科學家 John McCarthy 於 1955 年提出，目標為使電腦具有類似人類學習解決複雜問題與展現思考等能力，也就是由電腦模擬或執行，具有類似人類智慧或思考的行為，例如推理、規畫、問題解決及學習等能力。

◨ **Asynchronous JavaScript and XML , AJAX**

一種新式動態網頁技術，結合了 Java 技術、XML 以及 JavaScript 技術，類似 DHTML。可提高網頁開啟的速度、互動性與可用性，並達到令人驚喜的網頁特效。

◘ Augmented Reality, AR（擴增實境）

一種將虛擬影像與現實空間互動的技術，透過攝影機影像的位置及角度計算，在螢幕上讓真實環境中加入虛擬畫面，強調的不是要取代現實空間，而是在現實空間中添加一個虛擬物件，並且能夠即時產生互動，各位應該看過電影鋼鐵人在與敵人戰鬥時，頭盔裡會自動跑出敵人路徑與預估火力，就是一種 AR 技術的應用。

◘ Average Order Value, AOV（平均訂單價值）

所有訂單帶來收益的平均金額，AOV 越高當然越好。

◘ Avg. Session Duration（平均工作階段時間長度）

「平均工作階段時間長度」是指所有工作階段的總時間長度（秒）除以工作階段總數所求得的數值。網站訪客平均單次訪問停留時間，這個時間當然是越長越好。

◘ Avg. Time on Page（平均網頁停留時間）

顯示訪客在網站特定網頁上的平均停留時間。

◘ Backlink（反向連結）

從其他網站連到你的網站的連結，如果你的網站擁有優質的反向連結（例如：新聞媒體、學校、大企業、政府網站），代表你的網站越多人推薦。當反向連結的網站越多，就越被搜尋引擎所重視。

◘ Bandwidth（頻寬）

指固定時間內網路所能傳輸的資料量，通常在數位訊號中是以 bps 表示，即每秒可傳輸的位元數（bits per second）。

◘ Banner Ad（橫幅廣告）

最常見的收費廣告，自 1994 年推出以來就廣獲採用至今，在所有與品牌推廣有關的網路行銷手段中，橫幅廣告的作用最為直接，主要利用在網頁上的固定位置，至於橫幅廣告活動是否成功，全賴廣告素材的品質。

◘ Beacon

是種結合低功耗藍牙（Bluetooth Low Energy, BLE）、室內定位技術，可作為

物聯網和大數據平台的小型串接裝置。具有主動推播行銷應用特性及比 GPS 更精準的微定位功能，是連結店家與消費者的重要工具。只要在手機安裝專屬 App，透過藍芽接收到代碼便可觸發 App 做出相對應的動作，常用於室內導航、行動支付、百貨導覽、人流分析及物品追蹤等地方。

▣ Big Data（大數據）

由 IBM 於 2010 年提出，大數據不僅僅是指更多資料而已，主要是指在一定時效（Velocity）內進行大量（Volume）且多元性（Variety）資料的取得、分析、處理、保存等動作。主要特性包含三種層面：大量性（Volume）、速度性（Velocity）及多樣性（Variety）。

▣ Black hat SEO（黑帽 SEO）

指有些手段較為激進的 SEO 做法，希望透過欺騙或隱瞞搜尋引擎演算法的方式，獲得排名與免費流量。常用的手法包括在建立無效關鍵字的網頁、隱藏關鍵字、關鍵字填充、購買舊網域、不相關垃圾網站建立連結或付費購買連結等。

▣ Bots Traffic（機器人流量）

非人為產生的作假流量，就是機器流量的俗稱。

▣ Bounce Rate（跳出率、彈出率）

指單頁造訪率，也就是訪客進入網站後在固定時間內（通常是 30 分鐘）只瀏覽了一個網頁就離開網站的次數百分比，這個比例數字越低越好，愈低表示你的內容抓住網友的興趣。跳出率太高多半是網站設計不良所造成。

▣ Breadcrumb Trail（麵包屑導覽列）

也稱為導覽路徑，是一種基本的橫向文字連結組合，透過層級連結來帶領訪客更進一步瀏覽網站的方式，對於提高用戶體驗相當有幫助。

▣ Business to Business, B2B（企業對企業間）

指企業與企業間或企業內透過網際網路所進行的一切商業活動。例如上下游企業的資訊整合、產品交易、貨物配送、線上交易、庫存管理等。

☐ **Business to Customer, B2C**（企業對消費者間）

指企業直接和消費者間的交易行為，一般以網路零售業為主，將傳統由實體店面所銷售的實體商品，改以透過網際網路直接面對消費者進行實體商品或虛擬商品的交易活動，大大提高了交易效率，節省了各類不必要的開支。

☐ **Button Ad**（按鈕式廣告）

是一種小面積的廣告形式，因為收費較低，較符合無法花費大筆預算的廣告主，例如 Call-to-Action, CAT（行動號召） 鈕就是一個按鈕式廣告模式，就是希望召喚消費者去採取某些有助消費的活動。

☐ **Buzz Marketing**（話題行銷）

或稱蜂鳴行銷和口碑行銷類似，企業或品牌利用最少的方法主動進行宣傳，在討論區引爆話題，造成人與人之間的口耳相傳，如蜜蜂在耳邊嗡嗡作響的 buzz，然後再吸引媒體與消費者熱烈討論。

☐ **Call-to-Action, CTA**（行動號召）

希望訪客或消費者去採取某些有助於消費的活動，例如故意將訪客引導至網站策劃的「到達頁面」（Landing Page），會有特別的 CTA，讓訪客參與店家企劃的活動。

☐ **Cascading Style Sheets, CSS**

一般稱之為串聯式樣式表，其作用主要是為了加強網頁上的排版效果（圖層也是 CSS 的應用之一），可以用來定義 HTML 網頁上物件的大小、顏色、位置與間距，甚至是為文字、圖片加上陰影等功能。

☐ **Channel Grouping**（管道分組）

因為每一個流量的來源特性不一致，而且網路流量的來源可能有非常多種管道，為了有效管理及分析各個流量的成效，就有必要將流量根據它的性質來加以分類，這就是所謂的管道分組（Channel Grouping）。

☐ **Churn Rate**（流失率）

代表你的網站中一次性消費的顧客，佔所有顧客裡面的比率，這個比率當然是越低越好。

□ Click（點擊數）

指網路用戶使用滑鼠點擊某個廣告的次數，每點選一次即稱為 one click。

□ Click Through Rate, CTR（點閱率）

或稱為點擊率，指在廣告曝光的期間內有多少人看到廣告後決定按下的人數百分比，也就是廣告獲得的點擊次數除以曝光次數的點閱百分比，可作為一種衡量網頁熱門程度的指標。

□ Cloud Computing（雲端運算）

已經被視為下一波電子商務與網路科技結合的重要商機，雲端運算時代來臨將大幅加速電子商務市場發展，「雲端」其實就是泛指「網路」，來表達無窮無際的網路資源，代表了龐大的運算能力。

□ Cloud Service（雲端服務）

其實就是「網路運算服務」，如果將這種概念進而延伸到利用網際網路的力量，透過雲端運算將各種服務無縫式的銜接，讓使用者可以連接與取得由網路上多台遠端主機所提供的不同服務。

□ Content Marketing（內容行銷）

滿足客戶對資訊的需求，與多數傳統廣告相反，是一門與顧客溝通但不做任何銷售的藝術。關鍵在於如何設定內容策略，可以達到不直接宣傳產品，就能吸引目標讀者；又能夠圍繞在產品周圍，讓消費者喜歡，最後驅使消費者採取購買行動的行銷技巧。形式可以包括文章、圖片、影片、網站、型錄、電子郵件等。

□ Conversion Rate Optimization , CRO（轉換優化）

藉由讓網站內容優化來提高轉換率，達到以最低的成本得到最高的投資報酬率。轉換優化是數位行銷當中至關重要的環節，涉及了解使用者如何在您的網站上移動與瀏覽細節，電商品牌透過優化每一個階段的轉換率，讓顧客對瀏覽的體驗過程更加滿意，提升消費者購買的意願，一步步地把訪客轉換為顧客。

□ Cookie（餅乾）

小型文字檔，網站經營者可以利用 Cookies 來瞭解到使用者的造訪記錄，例如造訪次數、瀏覽過的網頁、購買過哪些商品等。

■ **Cost of Acquiring, CAC**（客戶購置成本）

所有說服顧客到你的網店購買之前所有投入的花費。

■ **Crowdfunding**（群眾集資）

群眾集資就是通過群眾的力量來募得資金，使 C2C 模式由生產銷售模式，延伸至資金募集模式，以群眾的力量共築夢想，來支持個人或組織的特定目標。近年來群眾募資在各地掀起浪潮，募資者利用網際網路吸引世界各地的大眾出錢，用小額贊助來尋求贊助各類創作與計畫。

■ **Customization**（客製化）

廠商依據不同顧客的特性，提供量身訂製的產品與不同的服務，消費者可在任何時間和地點，透過網際網路進入購物網站買到各種式樣的個人化商品。

■ **Conversion Rate, CR**（轉換率）

網路流量轉換成實際訂單的比率，訂單成交次數除以同個時間範圍內帶來訂單的廣告點擊總數，即從網路廣告過來的訪問者中最終成交客戶的比率。

■ **Cross-Border Ecommerce**（跨境電商）

一種全新的國際電子商務貿易型態，也就是消費者和賣家在不同的關境（實施同一海關法規和關稅制度境域）交易主體，透過電子商務平台完成交易、支付結算與國際物流送貨、完成交易的一種國際商業活動。讓消費者滑手機，就能直接購買全世界任何角落的商品。

■ **Cross-selling**（交叉銷售）

當顧客進行消費的時候，發現顧客可能有多種需求時，說服顧客增加花費而同時售賣出多種相關的服務及產品。

■ **Computer Version, CV**（電腦視覺）

是一種研究如何使機器「看」的系統，讓機器具備與人類相同的視覺，以作為產品差異化與大幅提升系統智慧的手段。

■ **Cost per Action, CPA**（回應數收費）

廣告店家付出的行銷成本是以實際行動效果來計算付費，例如註冊會員、下載 APP、填寫問卷等。畢竟廣告對店家而言，最實際的就是廣告期間帶來的訂單數，可以有效降低廣告店家的廣告投放風險。

■ **Cost Per Click, CPC**（點擊數收費）

一種按點擊數付費廣方式，是指搜尋引擎的付費競價排名廣告推廣形式，就是
按照點擊次數計費，不管廣告曝光量多少，沒人點擊就不用付錢。例如關鍵字
廣告一般採用這種定價模式，不過這種方式比較容易作弊，經常導致廣告店家
利益受損。

■ **Cost per Impression, CPI**（播放數收費）

傳統媒體多採用這種計價方式，是以廣告總共播放幾次來收取費用，通常對廣
告店家較不利，不過由於手機播放較容易吸引用戶的注意，仍然有些行動廣告
是使用這種方式。

■ **Cost per Mille, CPM**（廣告千次曝光費用）

全文應該是 Cost per Mille Impression，指廣告曝光一千次所要花費的費用，
就算沒有產生任何點擊，要千次曝光就會計費，通常多在數百元之間。

■ **Cost per Sales, CPS**（實際銷售筆數付費）

近年日趨流行的計價收方式，按照廣告點擊後產生的實際銷售筆數付費，也就
是點擊進入廣告不用收費，算是一種 CPA 的變種廣告方式，目前相當受到許多
電子商務網站歡迎，例如各大網路商城廣告。

■ **Cost Per Lead, CPL**（每筆名單成本）

以收集潛在客戶名單的數量來收費，也算是一種 CPC 的變種方式，例如根據
聯盟行銷的會員數推廣效果來付費。

■ **Cost Per Response, CPR**（訪客留言付費）

根據每位訪客留言回應的數量來付費，這種以訪客的每一個回應計費方式是屬
於輔助銷售的廣告模式。

■ **Coverage Rate**（覆蓋率）

記錄廣告實際與希望觸及到了多少人的百分比。

■ **Creative Commons, CC**（創用 CC）

源自美國史丹佛大學著名的法律學者 Lawrence Lessig 教授，於 2001 年在美
國成立 Creative Commons 非營利性組織，目的在提供一套簡單、彈性的「保
留部分權利」（Some Rights Reserved）著作權授權機制。

Creator（創作者）

包含文字、相片與影片內容的人，例如像 blogger、YouTuber。

Customer's Lifetime value, CLV（顧客終身價值）

指每一位顧客未來可能為企業帶來的所有利潤預估值，也就是透過購買行為，企業會從一個顧客身上獲得多少營收。

Customer Relationship Management, CRM（顧客關係管理）

顧客關係管理（CRM）是由 Brian Spengler 在 1999 年提出，最早開始發展顧客關係管理的國家是美國。CRM 的定義是指企業運用完整的資源，以客戶為中心的目標，讓企業具備更完善的客戶交流能力，透過所有管道與顧客互動，並提供適當的服務給顧客。

Customer-to-Business, C2B（消費者對企業型電子商務）

是一種將消費者帶往供應者端，並產生消費行為的電子商務新類型，也就是主導權由廠商手上轉移到了消費者手中。

Customer-to-Customer, C2C（客戶對客戶型的電子商務）

就是個人使用者透過網路供應商所提供的電子商務平台與其他消費者者進行直接交易的商業行為，消費者可以利用此網站平台販賣或購買其他消費者的商品。

Cybersquatter（網路蟑螂）

近年來，網路出現了一群搶先一步登記知名企業網域名稱的「網路蟑螂」（Cybersquatter），讓網域名稱爭議與搶註糾紛日益增加，不願妥協的企業公司就無法取回與自己企業相關的網域名稱。

Database Marketing（資料庫行銷）

利用資料庫技術動態地維護顧客名單，並加以尋找出顧客行為模式特和潛在需求。也就是回到行銷最基本的核心：分析消費者行為，針對每個不同喜好的客戶，給予不同的行銷文宣以達到企業對目標客戶的需求供應。

■ **Data Highlighter**（資料螢光筆）

是一種 Google 網站管理員工具，讓您以點選方式進行操作，只需透過滑鼠就可以讓資料螢光筆標記網站上的重要資料欄位（如標題、描述、文章、活動等）。

■ **Data Mining**（資料探勘）

一種資料分析技術，可視為資料庫中知識發掘的一種工具，可以從一個大型資料庫所儲存的資料中萃取出有價值的知識，廣泛應用於各行各業中，現代商業及科學領域都有許多相關的應用。

■ **Data Warehouse**（資料倉儲）

於 1990 年由資料倉儲 Bill Inmon 首次提出，是以分析與查詢為目的所建置的系統，目的是希望整合企業的內部資料，並綜合各種外部資料，經由適當的安排來建立一個資料儲存庫。

■ **Data Manage Platform, DMP**（數據管理平台）

主要應用於廣告領域，是指將分散的大數據進行整理優化，確實拼湊出顧客的樣貌，再來投放精準的受眾廣告，在數位行銷領域扮演重要的角色。

■ **Data Science**（資料科學）

從大量的結構性與非結構性資料中，透過資料科學分析其行為模式與關鍵影響因素，也就是在模擬決策模型，進而發掘隱藏在大數據資料背後的商機。

■ **Deep Learning, DL**（深度學習）

算是 AI 的一個分支，也可以看成是具有層次性的機器學習法，源自於類神經網路（Artificial Neural Network）模型，並且結合了神經網路架構與大量的運算資源，目的在於讓機器建立與模擬人腦進行學習的神經網路，以解釋大數據中圖像、聲音和文字等多元資料。

■ **Demand Side Platform, DSP**（需求方服務平台）

可以讓廣告主在平台上操作跨媒體的自動化廣告投放，像是設置廣告的目標受眾、投放的裝置或通路、競價方式、出價金額等等。

- **Differentiated Marketing**（差異化行銷）

    現代企業為了提高行銷的附加價值，開始對每個顧客量身打造產品與服務，塑造個人化服務經驗與採用差異化行銷（Differentiated Marketing），蒐集並分析顧客的購買產品與習性，並針對不同顧客需求提供產品與服務，為顧客提供量身訂做式的服務。

- **Digital Marketing**（數位行銷）

    或稱為網路行銷（Internet Marketing），是一種雙向的溝通模式，能幫助無數電商網站創造訂單創造收入，本質其實和傳統行銷一樣，最終目的都是為了影響目標消費者（Target Audience），主要差別在於行銷溝通工具不同，現在則可透過網路通訊的數位性整合，使文字、聲音、影像與圖片可以結合在一起，讓行銷的標的變得更為生動與即時。

- **dimension**（維度）

    Google Analytics 報表中所有的可觀察項目都稱為「維度（dimension）」，例如訪客的特徵：這位訪客是來自哪一個國家 / 地區，或是這位訪客是使用哪一種語言。

- **Direct Traffic**（直接流量）

    指訪問者直接輸入網址所產生的流量，例如透過別人的電子郵件，然後透過信件中的連結到你的網站。

- **Directory listing submission, DLS**（網站登錄）

    如果想增加網站曝光率，最簡便的方式可以在知名的入口網站中登錄該網站的基本資料，讓眾多網友可以透過搜尋引擎找到，稱為「網站登錄」（Directory listing submission, DLS）。國內知名的入口及搜尋網站如 PChome、Google、Yahoo! 奇摩等，都提供有網站資訊登錄的服務。

- **Down-sell**（降價銷售）

    當顧客對於銷售產品或服務都沒有興趣時，唯一一個銷售策略就是降價銷售。

- **E-commerce ecosystem**（電子商務生態系統）

    指以電子商務為主體結合商業生態系統概念。

■ **E-Distribution（電子配銷商）**

是最普遍也最容易了解的網路市集，將數千家供應商的產品整合到單一線上電子型錄，一個銷售者服務多家企業，主要優點是銷售者可以為大量的客戶提供更好的服務。

■ **E-Learning（數位學習）**

指在網際網路上建立一個方便的學習環境，利用線上的數位教材，進行訓練與學習，讓使用者連上網路就可以學習到所需的知識，並且與其他學習者互相溝通，不受空間與時間限制。因此也是知識經濟時代提升人力資源價值的新利器，可以讓學習者學習更方便、自主化的安排學習課程。

■ **Electronic Commerce, EC（電子商務）**

指在網際網路上所進行的交易行為，等於「電子」加上「商務」，主要是將供應商、經銷商與零售商結合在一起，透過網際網路提供訂單、貨物及帳務的流動與管理。

■ **Electronic Funds Transfer, EFT（電子資金移轉或稱為電子轉帳）**

使用電腦及網路設備，通知或授權金融機構處理資金往來帳戶的移轉或調撥行為。例如在電子商務的模式中，金融機構間之電子資金移轉（EFT）作業就是一種 B2B 模式。

■ **Electronic Wallet（電子錢包）**

是一種符合安全電子交易的電腦軟體，就是你在網路上購買東西時，可直接用電子錢包付錢，而不會看到個人資料，可有效解決網路購物的安全問題。

■ **Email Direct Marketing（電子報行銷）**

依舊是企業經營老客戶的主要方式，多半是由使用者訂閱，再經由信件或網頁的方式來呈現行銷訴求。由於電子報費用相對低廉，加上可以追蹤，這種作法將會大大的節省行銷時間及提高成交率。

■ **Email Marketing（電子郵件行銷）**

含有商品資訊的廣告內容，以電子郵件的方式寄給不特定的使用者，除擁有成本低廉的優點外，更大的好處其實是能夠發揮「病毒式行銷」（Viral Marketing）的威力，創造互動分享（口碑）的價值。

■ **E-Market Place**（電子交易市集）

在全球電子商務發展中所扮演的角色日趨重要，改變了傳統商場的交易模式，透過網路與資訊科技輔助所形成的虛擬市集，本身是一個網路的交易平台，具有能匯集買主與供應商的功能，其實就是一個市場，各種買賣都在這裡進行。

■ **Engaged time**（互動時間）

了解網站內容和瀏覽者的互動關係，最理想的方式是記錄他們實際上在網站互動與閱讀內容的時間。

■ **Enterprise Information Portal, EIP**（企業資訊入口網站）

指在 Internet 的環境下，將企業內部各種資源與應用系統，整合到企業資訊的單一入口中。EIP 也是未來行動商務的一大利器，以企業內部的員工為對象，只要能夠無線上網，為顧客提供服務時，一旦臨時需要資料，都可以馬上查詢，讓員工幫你聰明地賺錢，還能更多元化的服務員工。

■ **E-Procurement**（電子採購商）

指擁有許多線上供應商的獨立第三方仲介，因為它們會同時包含競爭供應商和競爭電子配銷商的型錄，主要優點是可以透過賣方的競標，達到降低價格的目的，有利於買方來控制價格。

■ **E-Tailer**（線上零售商）

指銷售產品與服務給個別消費者來賺取銷售的收入。除去中間商的部份，製造商更容易直接銷售產品給消費者。

■ **Exit Page**（離開網頁）

指使用者工作階段中最後一個瀏覽的網頁。使用者瀏覽網站的過程中，訪客離開網站的最終網頁的機率。也就是說，離開率是計算網站多個網頁中的每一個網頁是訪客離開這個網站的最後一個網頁的比率。

■ **Exit Rate**（離站率）

訪客在網站上所有的瀏覽過程中，進入某網頁後離開網站的次數，除以所有進入包含此頁面的總次數。

■ **Expert System, ES（專家系統）**

是一種將專家（如醫生、會計師、工程師、證券分析師）的經驗與知識建構於電腦上，以類似專家解決問題的方式透過電腦推論某一特定問題的建議或解答。例如環境評估系統、醫學診斷系統、地震預測系統等都是大家耳熟能詳的專業系統。

■ **eXtensible Markup Language, XML（可延伸標記語言）**

中文譯為「可延伸標記語言」，可以定義每種商業文件的格式，並且能在不同的應用程式中都能使用，由全球資訊網路標準制定組織 W3C，根據 SGML 衍生發展而來，是一種專門應用於電子化出版平台的標準文件格式。

■ **Extranet（商際網路）**

企業上、下游各相關策略聯盟企業間整合所構成的網路，需要使用防火牆管理，通常 Extranet 是屬於 Intranet 的子網路，可將使用者延伸到公司外部，以便客戶、供應商、經銷商以及其它公司可以存取企業網路的資源。

■ **Fashion Influencer（時尚網紅）**

在時尚界具有話語權的知名網紅。

■ **Featured Snippets（精選摘要）**

Google 自 2014 年起，為了提升用戶的搜尋經驗與針對所搜尋問題給予最直接的解答，會從前幾頁的搜尋結果節錄適合的答案，並在 SERP 頁面最顯眼的位置產生出內容區塊（第 0 個位置），通常會以簡單的文字、表格、圖片、影片，或條列解答方式，內容包括商品、新聞推薦、國際匯率、運動賽事、電影時刻表、產品價格、天氣，與知識問答等，還會在下方帶出店家網站標題與網址。

■ **Fifth-Generation（5G）**

是行動電話系統第五代，也是 4G 之後的延伸，5G 技術是整合多項無線網路技術而來，包括幾乎所有以前幾代行動通訊的先進功能，對一般用戶而言，最直接的感覺是 5G 比 4G 又更快、更不耗電，預計未來將可實現 10Gbps 以上的傳輸速率。這樣的傳輸速度下可以在短短 6 秒中，下載 15GB 完整長度的高畫質電影。

File Transfer Protocol, FTP（檔案傳輸協定）

透過此協定，不同電腦系統，也能在網際網路上相互傳輸檔案。檔案傳輸分為兩種模式：下載（Download）和上傳（Upload）。

Financial Electronic Data Interchange, FEDI（金融電子資料交換）

一種透過電子資料交換方式進行企業金融服務的作業介面，將 EDI 運用在金融領域，可作為電子轉帳的建置及作業環境。

Filter（過濾）

指捨棄掉報表上不需要或不重要的數據。

Fitness Influencer（健身網紅）

經常在針對運動、健身或瘦身、飲食分享許多經驗及小撇步，例如知名的館長。

Followers（追蹤訂閱）

增加訂閱人數，主動將網站新資訊傳送給他們，是提高品牌忠誠度與否的一大指標。

Food Influencer（美食網紅）

指在美食、烹調與餐飲領域有影響力的人，通常會分享餐廳、美食、品酒評論等。

Fourth-generation（4G）

行動電話系統的第四代，是 3G 之後的延伸，為新一代行動上網技術的泛稱，傳輸速度理論值約比 3.5G 快 10 倍以上，能夠達成更多樣化與私人化的網路應用。LTE（Long Term Evolution, 長期演進技術）是全球電信業者發展 4G 的標準。

Fragmentation Era（碎片化時代）

代表現代人的生活被很多碎片化的內容所切割，因此想要吸引受眾者的目光將越來越難，同樣的品牌接觸消費者的地點也越來越不固定，接觸消費者的時間越來越短暫，碎片時間搖身一變成為贏得消費者的黃金時間。

◻ **Fraud**（作弊）

特別是指流量作弊。

◻ **Gamification Marketing**（遊戲化行銷）

指將遊戲中有好玩的元素與機制，透過行銷活動讓受眾「玩遊戲」，同時深化參與感，將你的目標客戶緊緊黏住，因此成了各個品牌不斷探索的新行銷模式。

◻ **Google AdWords**（關鍵字廣告）

Google 所推出的關鍵字行銷廣告，包辦所有 google 的廣告投放服務，例如可以根據目標決定出價策略，選擇正確的廣告出價類型，以及是否要著重在獲得點擊、曝光或轉換等。Google Adwords 的運作模式就好像世界級拍賣會，瞄準你想要購買的關鍵字，出一個你覺得適合的價格，如果你的價格比別人高，你就有機會取得該關鍵字，並在該關鍵字曝光你的廣告。

◻ **Google Analytics, GA**

Google 所提供的 Google Analytics（GA）就是一套免費且功能強大的跨平台網路行銷流量分析工具，能提供最新的數據分析資料，包括網站流量、訪客來源、行銷活動成效、頁面拜訪次數、訪客回訪等，幫助客戶有效追蹤網站數據和訪客行為，稱得上是全方位監控網站與 APP 完整功能的必備網站分析工具。

◻ **Google Analytics Tracking Code**（Google Analytics 追蹤碼）

這組追蹤碼會追蹤到訪客在每一頁上所進行的行為，並將資料送到 Google Analytics 資料庫，再透過各種演算法的運算與整理，將這些資料以儲存起來，並在 Google Analytics 以各種類型的報表呈現。

◻ **Google Data Studio**

是一套免費的資料視覺化製作報表的工具，它可以串接多種 Google 的資料，再將取得的資料結合該工具的多樣圖表、版面配置、樣式設定等功能，讓報表以更精美的外觀呈現。

■ **Google Hummingbird**（蜂鳥演算法）

蜂鳥演算法與以前的熊貓演算法和企鵝演算法演算模式不同，主要是加入了自然語言處理（Natural Language Processing, NLP）的方式，讓 Google 使用者的查詢，與搜尋搜尋結果更精準且快速，還能打擊過度關鍵字填充，為大幅改善 Google 資料庫的準確性，針對用戶的搜尋意圖進行更精準的理解，去判讀使用者的意圖，期望是給用戶快速精確的答案，而不再是只是一大堆的相關資料。

■ **Google Play**

Google 也推出針對 Android 系統所提供的一個線上應用程式服務平台「Google Play」，透過 Google Play 網頁可以尋找、購買、瀏覽、下載及評比使用手機免費或付費的 app 和遊戲，Google Play 為一開放性平台，任何人都可上傳其所開發的應用程式。

■ **Google Panda**（熊貓演算法）

熊貓演算法主要是一種確認優良內容品質的演算法，負責從搜尋結果中刪除內容整體品質較差的網站，目的是減少內容農場或劣質網站的存在，例如有複製、抄襲、重複或內容不良的網站，特別是避免用目標關鍵字填充頁面或使用不正常的關鍵字用語，這些將會是熊貓演算法首要打擊的對象，只要是原創、品質好又經常更新內容的網站，一定會獲得 Google 的青睞。

■ **Google Penguin**（企鵝演算法）

我們知道連結是 Google SEO 的重要因素之一，企鵝演算法主要是為了避免垃圾連結與垃圾郵件的不當操縱，並確認優良連結品質的演算法，Google 希望網站的管理者應以產生優質的外部連結為目的，垃圾郵件或是操縱任何連接都不會帶給網站額外的價值，不要只是為了提高網站流量、排名，刻意製造相關性不高或虛假低品質的外部連結。

■ **Graphics Processing Unit, GPU**（圖形處理器）

可說是近年來科學計算領域的最大變革，是指以圖形處理單元（GPU）搭配 CPU，GPU 則含有數千個小型且更高效率的 CPU，不但能有效處理平行運算（Parallel Computing），還可以大幅增加運算效能。

■ **Gray hat SEO**（灰帽 SEO）

是一種介於黑帽 SEO 跟白帽 SEO 的優化模式，簡單來說，會有一點投機取巧，卻又不會太嚴重的犯規，用險招讓網站承擔較小風險，遊走於規則的「灰色地帶」。利用這些技巧可以提升網站排名，而且不會被搜尋引擎懲罰，同時又保有一定的可讀性。例如：一些連結建置、交換連結、適當地反覆使用關鍵字（盡量不違反 Google 原則），以及改寫別人文章等。這些也是目前很多 SEO 團隊比較偏好的優化方式。

■ **Global Positioning System, GPS**（全球定位系統）

透過衛星與地面接收器，達到傳遞方位訊息、計算路程、語音導航與電子地圖等功能，目前有許多汽車與手機都安裝有 GPS 定位器作為定位與路況查詢之用。

■ **Growth Hacking**（成長駭客）

主要任務就是跨領域地結合行銷與技術背景，直接透過「科技工具」和「數據」的力量來短時間內快速成長與達成各種增長目標，所以更接近「行銷 + 程式設計」的綜合體。成長駭客和傳統行銷相比，更注重密集的實驗操作和資料分析，目的是創造真正流量，達成增加公司產品銷售與顧客的營利績效。

■ **Guy Kawasaki**（蓋伊‧川崎）

社群媒體的網紅先驅者，經常會分享重要的社群行銷觀念。

■ **Hadoop**

源自 Apache 軟體基金會（Apache Software Foundation） 底下的開放原始碼計劃（Open source project），為了因應雲端運算與大數據發展所開發出來的技術，使用 Java 撰寫並免費開放原始碼，用來儲存、處理、分析大數據的技術，兼具低成本、靈活擴展性、程式部署快速和容錯能力等特點。

■ **Hashtag**（主題標籤）

只要在字句前加上 #，便形成一個標籤，用以搜尋主題。可以利用時下熱門的關鍵字，以 Hashtag 方式提高曝光率，目前是社群網路相當流行的行銷工具，也是品牌行銷中重要的一環。

◘ **Heat map**（熱度圖、熱感地圖）

在一個圖上標記哪項廣告經常被點選，是獲得更多關注的部分，可瞭解使用者有興趣的瀏覽區塊。

◘ **High Performance Computing, HPC**（高效能運算）

透過應用程式平行化機制，在短時間內完成複雜、大量運算工作。專門用來解決耗用大量運算資源的問題。

◘ **Horizontal Market**（水平式電子交易市集）

水平式電子交易市集的產品是跨產業領域，可以滿足不同產業的客戶需求。此類網交易商品，都是一些具標準化流程與服務性商品，同時也比較不需要個別產業專業知識與銷售與服務，可以經由電子交易市集進行統一採購，讓所有企業對非專業的共同業務進行採買或交易。

◘ **Host Card Emulation, HCE**（主機卡模擬）

Google 於 2013 年底所推出的行動支付方案，可以透過 APP 或是雲端服務來模擬 SIM 卡的安全元件。HCE（Host Card Emulation）的加入已經悄悄點燃了行動支付大戰，僅需 Android 5.0（含）以上且內建 NFC 功能的手機，申請完成後卡片資訊（信用卡卡號）將會儲存於雲端支付平台，交易時會由手機發出一組虛擬卡號與加密金鑰來驗證，驗證通過後才能完成感應交易，能避免刷卡時卡片資料外洩的風險。

◘ **Hotspot**（熱點）

指在公共場所提供無線區域網路（WLAN）服務的連結地點，讓大眾可以使用筆記型電腦或手機，透過熱點的「無線網路橋接器」（AP）連上網際網路。無線上網的熱點愈多，無線上網的涵蓋區域便愈廣。

◘ **Hunger Marketing**（飢餓行銷）

以「賣完為止、僅限預購」來創造行銷話題，製造產品一上市就買不到的現象，促進消費者購買該產品的動力，讓消費者覺得數量有限而不買可惜。

◘ **Hypertext Markup Language, HTML**

標記語言是一種純文字型態的檔案，以一種標記的方式來告知瀏覽器將以何種

方式來將文字、圖像等多媒體資料呈現於網頁之中。通常要撰寫網頁的 HTML 語法時,只要使用 Windows 預設的記事本就可以了。

- **Impression, IMP**(曝光數)

  經由廣告系統曝光到網友所瀏覽的網頁上,一次即為曝光數一次。

- **Influencer**(影響者 / 網紅)

  在網路上某個領域具有影響力的人。

- **Influencer Marketing**(網紅行銷)

  虛擬社交圈更快速取代傳統銷售模式,網紅的推薦甚至可以讓廠商業績翻倍,素人網紅似乎在目前的社群平台比明星代言人更具行銷力。

- **Intellectual Property Rights, IPR**(智慧財產權)

  劃分為著作權、專利權、商標權等三個範疇進行保護規範,這三種領域保護的智慧財產權並不相同,在制度的設計上也有所差異,例如發明專利、文學和藝術作品、表演、錄音、廣播、標誌、圖像、產業模式、商業設計等等。

- **Internal link**(內部連結)

  指在同一個網站上由一個頁面連向另一個頁面,之間的頁面可相互連結的設置。

- **Internet**(網際網路)

  最簡單的說法就是一種連接各種電腦網路的網路,以 TCP/IP 為它的網路標準,也就是說只要透過 TCP/IP 協定,就能享受 Internet 上所有一致性的服務。網際網路上並沒有中央管理單位的存在,而是數不清的個人網路或組織網路,這網路聚合體中的每一成員自行營運與負擔費用。

- **Internet Bank**(網路銀行)

  指客戶透過網際網路與銀行電腦連線,無須受限於銀行營業時間、營業地點之限制,隨時隨地從事資金調度與理財規劃,並可充分享有隱密性與便利性,即可直接取得銀行所提供之各項金融服務,現代家庭中有許多五花八門的帳單,都可以透過電腦來進行網路轉帳與付費。

◩ Internet Celebrity Marketing（網紅行銷）

並非是一種全新的行銷模式，就像過去品牌找名人代言，主要是透過與藝人結合，提升本身品牌價值，相對於企業砸重金請明星代言，網紅的推薦甚至可以讓廠商業績翻倍，素人網紅似乎在目前的行動平台更具說服力，逐漸地取代過去以明星代言的行銷模式。

◩ Internet Content Provider, ICP（線上內容提供者）

向消費者提供網際網路資訊服務和增值業務，主要提供有智慧財產權的數位內容產品與娛樂，包括期刊、雜誌、新聞、CD、影帶、線上遊戲等。

◩ Internet of Things, IOT（物聯網）

近年資訊產業中一個非常熱門的議題，被認為是網際網路興起後足以改變世界的第三次資訊新浪潮，它的特性是將各種具裝置感測設備的物品，例如 RFID、環境感測器、全球定位系統（GPS） 雷射掃描器等裝置與網際網路結合起來而形成的一個巨大網路系統，並透過網路技術讓各種實體物件、自動化裝置彼此溝通和交換資訊，也就是透過網路把所有東西都連結在一起。

◩ Internet Marketing（網路行銷）

藉由行銷人員將創意、商品及服務等構想，利用通訊科技、廣告促銷、公關及活動方式在網路上執行。

◩ Intranet（企業內部網路）

指企業體內的 Internet，將 Internet 的產品與觀念應用到企業組織，透過 TCP/IP 協定來串連企業內外部的網路，以 Web 瀏覽器作為統一的使用者界面，更以 Web 伺服器來提供統一服務窗口。

◩ JavaScript

一種直譯式（Interpret）的描述語言，是在客戶端（瀏覽器）解譯程式碼，內嵌在 HTML 語法中，當瀏覽器解析 HTML 文件時就會直譯 JavaScript 語法並執行，JavaScript 不只能讓我們隨心所欲控制網頁的介面，也能夠與其他技術搭配做更多的應用。

□ **jQuery**

是一套開放原始碼的 JavaScript 函式庫（Library），可以說是目前最受歡迎的 JS 函式庫，不但簡化了 HTML 與 JavaScript 之間與 DOM 文件的操作，讓我們輕鬆選取物件，並以簡潔的程式完成想做的事情，也可以透過 jQuery 指定 CSS 屬性值，達到想要的特效與動畫效果。

□ **Key Opinion Leader, KOL（關鍵意見領袖）**

能夠在特定專業領域對其粉絲或追隨者有發言權及強大影響力的人，也就是我們常說的網紅。

□ **Keyword（關鍵字）**

與網站內容相關的重要名詞或片語，也就是在搜尋引擎上所搜尋的一組字，例如企業名稱、網址、商品名稱、專門技術、活動名稱等。

□ **Keyword Advertisements（關鍵字廣告）**

是許多商家網路行銷的入門選擇之一，它的功用可以讓店家的行銷資訊在搜尋關鍵字時，會將店家所設定的廣告內容曝光在搜尋結果最顯著的位置，讓各位以最簡單直接的方式，接觸到搜尋該關鍵字的網友所而產生的商機。

□ **Landing Page（到達頁）**

指使用者拜訪網站的第一個網頁，這一個網頁不一定是該網站的首頁，只要是網站內所有的網頁都可能是到達網頁。到達頁和首頁最大的不同，就是到達頁只有一個頁面就要完成讓訪客馬上吸睛的任務，通常這個頁面是以誘人的文案請求訪客完成購買或登記。

□ **Law of Diminishing Firms（公司遞減定律）**

由於摩爾定律及梅特卡菲定律的影響之下，專業分工、外包、策略聯盟、虛擬組織將比傳統業界來的更經濟及更有績效，形成一價值網路（Value Network），而使得公司的規模有遞減的現象。

□ **Law of Disruption（擾亂定律）**

結合了「摩爾定律」與「梅特卡夫定律」的第二級效應，主要是指出社會、商業體制與架構以漸進的方式演進，但是科技卻以幾何級數發展，速度遠遠落後於科技變化速度，當這兩者之間的鴻溝愈來愈大，使得原來的科技、商業、社

會、法律間的平衡被擾亂，因此產生了所謂的失衡現象，就愈可能產生革命性的創新與改變。

☐ **LINE Pay**

主要以網路店家為主，將近 200 個品牌都可以支付，LINE Pay 支付的通路相當多元化，越來越多商家加入 LINE 購物平台，可讓您透過信用卡或現金儲值，信用卡只需註冊一次，同時支援線上與實體付款，而且 Line pay 累積點數非常快速，許多通路都可以使用點數折抵。

☐ **Location Based Service, LBS（定址服務）**

或稱為「適地性服務」，就是行動行銷中相當成功的環境感知的種創新應用，指透過行動隨身設備的感知裝置。例如：當消費者在到達某個商業區時，可以利用手機快速查詢所在位置周邊的商店、場所以及活動等即時資訊。

☐ **Logistics（物流）**

指產品從生產者移轉到經銷商、消費者的整個流通過程，透過有效管理程序，並結合倉儲、裝卸、包裝、運輸等相關活動。是電子商務模型的基本要素。

☐ **Long Tail Keyword（長尾關鍵字）**

指網頁上相對不熱門，不過可以帶來搜尋流量，接近主要關鍵字的關鍵字詞。

☐ **Long Term Evolution, LTE（長期演進技術）**

以現有的 GSM/UMTS 的無線通信技術為主來發展，不但能與 GSM 服務供應商的網路相容，用戶在靜止狀態的傳輸速率可達 1 Gbps，在行動狀態也可以達到最快的理論傳輸速度 170Mbps 以上，是全球電信業者發展 4G 的標準。例如：傳輸 1 個 95M 的影片檔，只需 3 秒鐘就能完成。

☐ **Machine Learning, ML（機器學習）**

機器通過演算法來分析數據、在大數據中找到規則，機器學習是大數據發展的下一個進程，可以發掘多資料元變動因素之間的關聯性，進而自動學習並且做出預測，充分利用大數據和演算法來訓練機器。

◪ Marketing Mix（行銷組合）

可以看成是一種協助企業建立各市場系統化架構的元素，藉著這些元素來影響市場上的顧客動向。美國行銷學學者麥卡錫教授（Jerome McCarthy）在 20 世紀的 60 年代提出了著名的 4P 行銷組合，所謂行銷組合的 4P 理論是指行銷活動的四大單元，包括產品（product）、價格（price）、通路（place）與促銷（promotion）等四項。

◪ Market Segmentation（市場區隔）

任何企業都無法滿足所有市場的需求，應該著手建立產品的差異化，行銷人員根據市場的觀察進行判斷，在經過分析市場的機會後，接著便在該市場中選擇最有利可圖的區隔市場，並且集中企業資源與火力，強攻下該市場區隔的目標市場。

◪ Merchandise Turnover Rate（商品迴轉率）

指商品從入庫到售出時所經過的這一段時間和效率，也就是指固定金額的庫存商品在一定的時間內週轉的次數和天數，可以作為零售業的銷售效率或商品生產力的指標。

◪ Metcalfe's Law（梅特卡夫定律）

一種網路技術發展規律，使用者越多，其價值便大幅增加，對原來的使用者而言產生的效用會越大。

◪ Metrics（指標）

觀察項目量化後的數據被稱為「指標」（metrics），也就是進一步觀察該訪客的相關細節，這是資料的量化評估方式。舉例來說，「語言」維度可連結「使用者」等指標，在報表中就可以觀察到特定語言所有使用者人數的總計值或比率。

◪ Micro Film（微電影）

又稱為「微型電影」，它是在一個較短時間且較低預算內，把故事情節或角色 / 場景，以視訊方式傳達其理念或品牌，適合在短暫的休閒時刻或移動的情況下觀賞。

◘ **Mobile-Friendliness（行動友善度）**

使行動裝置的操作環境能夠儘可能簡單化，與提供使用者最佳化的行動瀏覽體驗，包括閱讀時的舒適程度，介面排版簡潔、流暢的行動體驗、點選處是否有足夠空間、字體大小、橫向滾動需求、外掛程式是否相容等。

◘ **Mixed Reality（混合實境）**

介於 AR 與 VR 之間的綜合模式，打破真實與虛擬的界線，同時擷取 VR 與 AR 的優點，透過頭戴式顯示器將現實與虛擬世界的各種物件進行更多的結合與互動，產生全新的視覺化環境，並且能夠提供比 AR 更為具體的真實感，未來很有可能會是視覺應用相關技術的主流。

◘ **Mobile Advertising（行動廣告）**

在行動平台上做的廣告，與一般傳統與網路廣告的方式並不相同，擁有隨時隨地互動的特性。

◘ **Mobile Commerce, m-Commerce（行動商務）**

電商發展的最新趨勢，自 2015 年開始，現代人人手一機，人們的視線已經逐漸從電視螢幕轉移到智慧型手機；從網路優先（Web First）走向行動優先（Mobile First）。這波數位浪潮不但促進了許多另類商機的興起，更有可能改變現有的產業結構。

◘ **Mobile Marketing（行動行銷）**

指伴隨著手機和其他以無線通訊技術為基礎的行動終端的發展，而逐漸成長起來的一種行銷方式，不僅突破了傳統定點式網路行銷受到空間與時間的侷限，也可以透過行動通訊網路來進行商業交易行為。

◘ **Mobile Payment（行動支付）**

指消費者通過手持式行動裝置對所消費的商品或服務進行帳務支付的一種方式，很多人以為行動支付就是用手機付款，其實手機只是一個媒介，平板電腦、智慧手錶，只要可以連上網路都可以作為行動支付。

◘ **Moore's law（摩爾定律）**

表示電子計算相關設備不斷向前快速發展的定律，主要是指一個尺寸相同的 IC

晶片上，所容納的電晶體數量，因為製程技術的不斷提升與進步，每隔約十八個月會加倍，執行運算的速度也會加倍，但製造成本卻不會改變。

◻ **Multi-Channel**（多通路）

指企業採用兩條或以上完整的零售通路進行銷售活動，每條通路都能完成銷售的所有功能。例如：同時採用直接銷售、電話購物，或在 PChome 商店街上開店，擁有自己的品牌官方網站等，每條通路都能完成買賣的功能。

◻ **Native Advertising**（原生廣告）

一種讓大眾自然而然閱讀下去，不容易發現自己在閱讀廣告的廣告形式，讓訪客瀏覽體驗時的干擾降到最低，不僅容易傳達產品的廣告訊息，也提升使用者的接受度。

◻ **Natural Language Processing, NLP**（自然語言處理）

讓電腦擁有理解人類語言的能力，也就是一種藉由大量的文本資料搭配音訊數據，並透過複雜的數學聲學模型（Acoustic model）及演算法來讓機器去認知、理解、分類並運用人類日常語言的技術。

◻ **Nav tag**（nav 標籤）

能夠設置網站內的導航區塊，可以用來連結到網站其他頁面，或者連結到網站外的網頁，例如主選單、頁尾選單等，能讓搜尋引擎把這個標籤內的連結視為重要連結。

◻ **Near Field Communication, NFC**（近場通訊）

是由 PHILIPS、NOKIA 與 SONY 共同研發的一種短距離非接觸式通訊技術，可在您的手機與其他 NFC 裝置之間傳輸資訊，例如手機、NFC 標籤或支付裝置，因此逐漸成為行動交易、行銷接收工具的最佳解決方案。

◻ **Network Economy**（網路經濟）

一種分散式的經濟，除了帶來與傳統經濟方式完全不同的改變之外，最重要的優點就是：可以去除傳統中間化、降低市場交易成本，讓整個經濟體系的市場結構出現劇烈變化。這種現象可以使自由市場更有效率地靈活運作。

▣ Network Effect（網路效應）

對於網路經濟所帶來的效應而言，有一個很大的特性就是產品的價值取決於其總使用人數，透過網路無遠弗屆的特性，一旦使用者數目跨過門檻，也就是越多人有這個產品，那麼它的價值自然越高。

▣ New Visit（新造訪）

沒有任何造訪紀錄的訪客，數字愈高表示廣告成功地吸引了全新的消費訪客。

▣ Nofollow tag（nofollow 標籤）

由於連結是影響搜尋排名的其中一項重要指標，nofollow 標籤就是用於向搜尋引擎表示目前所處網站與特定網站之間沒有關連，這個標籤是在告訴搜尋引擎，不要前往這個連結指向的頁面，也不要將這個連結列入權重。

▣ Omni-Channel（全通路）

全通路是利用各種通路為顧客提供交易平台，以消費者為中心的 24 小時營運模式，並且消除各個通路間的壁壘，以前所未見的速度與範圍連結至所有消費者，包括在實體和數位商店之間的無縫轉換，去真正滿足消費者的需要，提供了更客製化的行銷服務，不管是透過線上或線下都能達到最佳的消費體驗。

▣ Online Analytical Processing, OLAP（線上分析處理）

可被視為是多維度資料分析工具的集合，使用者在線上即能完成的關聯性或多維度的資料庫（例如：資料倉儲）的資料分析作業，並能即時快速地提供整合性決策。

▣ Online and Offline（ONO）

指線上網路商店與線下實體店面高度結合的共同經營模式，從而實現線上線下資源互通，雙邊的顧客也能彼此引導與消費的局面。

▣ Online Broker（線上仲介商）

主要的工作是代表其客戶搜尋適當的交易對象，並協助其完成交易，藉以收取仲介費用。本身並不會提供商品，諸如證券網路下單、線上購票等。

▣ Online Community Provider, OCP（線上社群提供者）

聚集相同興趣的消費者形成一個虛擬社群來分享資訊、知識、販賣相同產品。

多數線上社群提供者會提供多種讓使用者互動的方式，例如：聊天、寄信、影音、互傳檔案等。

- **Online interacts with Offline（OIO）**

  就是線上線下互動經營模式，近年電商業者陸續建立實體據點與體驗中心，除了電商提供網購服務之外，並協助實體零售業者在既定的通路基礎上，可以給予消費者與商品面對面接觸，並且為消費者提供交貨或者送貨服務，彌補了電商平台經營服務的不足。

- **Offline mobile Online（OMO 或 O2M）**

  強調行動端，打造線上・行動・線下三位一體的全通路模式，形成實體店家、網路商城、與行動終端深入整合行銷，並在線下完成體驗與消費的新型交易模式。

- **Online Service Offline（OSO）**

  所謂 OSO（Online Service Offline）模式並不是線上與線下的簡單組合，而是結合 O2O 模式與 B2C 的行動電商模式，把用戶服務納入進來的新型電商運營模式，即線上商城＋直接服務＋線下體驗。

- **Offline to Online（反向 O2O）**

  從實體通路連回線上，消費者可透過在線下實際體驗後，透過 QR code 或是行動終端連結等方式，引導消費者到線上消費，並且在線上平台完成購買並支付。

- **Online to Offline（O2O）**

  O2O 模式就是整合「線上（Online）」與「線下（Offline）」兩種不同平台所進行的一種行銷模式，也就是將網路上的購買或行銷活動帶到實體店面的模式。

- **On-Line Transaction Processing, OLTP（線上交易處理）**

  指經由網路與資料庫的結合，以線上交易的方式處理一般即時性的作業資料。

- **Organic Traffic（自然流量）**

  指訪問者通過搜尋引擎，由搜尋結果進去網站的流量，通常品質會比較好。

▣ Page View, PV（頁面瀏覽次數）

指在瀏覽器中載入某個網頁的次數，如果使用者在進入網頁後按下重新載入按鈕，就算是另一次網頁瀏覽。簡單來説就是瀏覽的總網頁數。數字越高越好，表示網站內容被閱讀的次數越多。

▣ Paid Search（付費搜尋流量）

這類管道和自然搜尋有一點不同，它不像自然搜尋是免費的，反而必須付費。例如 Google、Yahoo 關鍵字廣告（如 Google Ads 等關鍵字廣告），讓網站能夠在特定搜尋中置入於搜尋結果頁面，簡單的説，它是透過搜尋引擎上的付費廣告點擊進入到你的網站。

▣ Parallel Processing（平行處理）

這種技術是同時使用多個處理器來執行單一程式，藉以縮短運算時間。其過程會將資料以各種方式交給每一顆處理器，為了實現在多核心處理器上程式性能的提升，還必須將應用程式分成多個執行緒來執行。

▣ PayPal

是全球最大的線上金流系統與跨國線上交易平台，適用於全球 203 個國家，屬於 ebay 旗下的子公司，可以讓全世界的買家與賣家自由選擇購物款項的支付方式。

▣ Pay Per Click, PPC（點擊數收費）

一種按點擊數付費的廣告方式，按照點擊次數計費，不管廣告曝光量多少，沒人點擊就不用付錢，多數新手都會使用單次點擊出價。

▣ Pay per Mille, PPM（廣告千次曝光費用）

這種收費方式是以曝光量計費，也就是廣告曝光一千次所要花費的費用，就算沒有產生任何點擊，只要千次曝光就會計費。這種方式對商家的風險較大，不過最適合加深大眾印象，適用於需要打響商家名稱的廣告客戶，並且可將廣告投放於有興趣客戶。

▣ Pop-Up Ads（彈出式廣告）

當網友點選連結進入網頁時，會彈出另一個子視窗來播放廣告訊息，強迫使用者接受，並連結到廣告主網站。

Portal（入口網站）

指進入 WWW 的首站或中心點，它讓所有類型的資訊能被所有使用者存取，提供各種豐富個別化的服務與導覽連結功能。當各位連上入口網站的首頁，可以藉由分類選項來達到各位要瀏覽的網站，同時也提供許多的服務，諸如搜尋引擎、免費信箱、拍賣、新聞、討論等。

Porter five forces analysis（五力分析模型）

全球知名的策略大師麥可‧波特（Michael E. Porter）於 80 年代提出以五力分析模型（Porter five forces analysis）作為競爭策略的架構，他認為有 5 種力量促成產業競爭，每一個競爭力都是為對稱關係，透過這五方面力的分析，可以測知該產業的競爭強度與獲利潛力，並且有效的分析出客戶的現有競爭環境。五力分別是供應商的議價能力、買家的議價能力、潛在競爭者進入的能力、替代品的威脅能力、現有競爭者的競爭能力。

Positioning（市場定位）

是檢視公司商品能提供之價值，向目標市場的潛在顧客介紹商品的價值。品牌定位是 STP 的最後一個步驟，也就是針對作好的市場區隔及目標選擇，為企業立下一個明確不可動搖的層次與品牌印象。

Pre-roll（插播廣告）

影片播放之前的插播廣告。

Private Cloud（私有雲）

將雲基礎設施與軟硬體資源建立在防火牆內，以供機構或企業共享數據中心內的資源。

Public Cloud（公用雲）

透過網路及第三方服務供應者，提供一般公眾或大型產業集體使用的雲端基礎設施，通常公用雲價格較低廉。

Publisher（出版商）

平台上的個體，廣告賣方，例如媒體網站 Blogger 的管理者，可以提供網站固定版位給予廣告主曝光。例如 Facebook 發展至今，已經成為網路出版商（Online Publishers）的重要平台。

■ **Quick Response Code, QR Code**

1994 年由日本 Denso-Wave 公司發明，利用線條與方塊所除了文字之外，還可以儲存圖片、記號等相關資訊。QR Code 應用在行銷相關的領域上非常廣泛，可針對不同屬性活動搭配不同的連結內容。

■ **Radio Frequency IDentification, RFID（無線射頻辨識技術）**

是一種自動無線識別數據獲取技術，可以利用射頻訊號以無線方式傳送及接收數據資料，例如在出售的衣物貼上晶片標籤，透過 RFID 的辨識進行衣服的管理。全球最大的連鎖通路商 Wal-Mart 要求上游供應商在貨品的包裝上裝置 RFID 標籤，以便隨時追蹤貨品在供應鏈上的即時資訊。

■ **Reach（觸及）**

廣告在一定期間內觸及到多少人的總數。

■ **Real-time bidding, RTB（即時競標）**

即時競標為近來新興的目標式廣告模式，相當適合強烈網路廣告需求的電商業者，由程式瞬間競標拍賣方式，廣告購買方對某一個曝光出價，價高者得標，贏家的廣告會馬上出現在媒體廣告版位，可以提升廣告主的廣告投放效益。至於無得標（Zero Win Rate）則是在即時競價（RTB）中，沒有任何特定廣告買主得標的狀況。

■ **Referral（參照連結網址）**

Google Analytics 會自動識別是透過第三方網站上的連結而連上你的網站，這類流量來源則會被認定為參照連結網址，也就是從其他網站到我們網站的流量。

■ **Referral Traffic（推薦流量）**

訪客透過其它網站，連結進入你的網站的流量。

■ **Relationship Marketing（關係行銷）**

一種建構在以「彼此有利」為基礎的觀念，強調銷售是關係的開始，而非交易的結束，發展出了解顧客需求，而進行顧客服務，以建立並維持與個別顧客的關係，謀求雙方互惠的利益。

■ **Repeat Visitor**（重複訪客）

訪客至少有一次或以上造訪紀錄。

■ **Responsive Web Design, RWD**

RWD 開發技術已成了新一代的電商網站設計趨勢，因為 RWD 被公認為是能夠對行動裝置用戶提供最佳的視覺體驗，原理是使用 CSS3 以百分比的方式來進行網頁畫面的設計，在不同解析度下能自動改變網頁頁面的佈局排版，讓不同裝置都能以最適合閱讀的網頁格式瀏覽同一網站，不用一直忙著縮小放大拖曳，給使用者最佳瀏覽畫面。

■ **Retention time**（停留時間）

瀏覽者或消費者在網站停留的時間。

■ **Return of Investment, ROI**（投資報酬率）

指通過投資一項行銷活動所得到的經濟回報。以百分比表示，計算方式為淨收入（訂單收益總額 – 投資成本）除以「投資成本」。

■ **Return on Ad Spend, ROAS**（廣告收益比）

計算透過廣告所有花費所帶來的收入比率。

■ **Revenue-per-mille, RPM**（每千次觀看收益）

代表每 1,000 次影片觀看次數，你所賺取的收益金額，RPM 就是為 YouTuber 量身訂做的制度，RPM 是根據多種收益來源計算而得，也就是 YouTuber 所有項目的總瀏覽量，包括廣告分潤、頻道會員、Premium 收益、超級留言和貼圖等等，主要就是概算出你每千次展示的可能收入，有助於你瞭解整體營利成效。

■ **Revolving-door Effect**（旋轉門效應）

許多企業往往希望不斷的拓展市場，經常把焦點放在吸收新顧客上，卻忽略了手邊原有的舊客戶，如此一來，也就是費盡心思地將新顧客拉進來時，被忽略的舊用戶又從後門悄悄的溜走了。

■ **Segmentation**（市場區隔）

指任何企業都無法滿足所有市場的需求，應該著手建立產品的差異化，企業在

經過分析市場的機會後，接著便在該市場中選擇最有利可圖的區隔市場，並且集中企業資源與火力，強攻下該市場區隔的目標市場。

▣ Search Engine Results Page, SERP（搜尋結果頁面）

使用關鍵字，經搜尋引擎根據內部網頁資料庫查詢後，所呈現給使用者的自然搜尋結果的清單頁面。SERP 的排名越前面越好。

▣ Search Engine Marketing, SEM（搜尋引擎行銷）

與搜尋引擎相關的各種直接或間接行銷行為。由於傳播力量強大，吸引了許多網路行銷人員與店家努力經營。廣義來說，也就是利用搜尋引擎進行數位行銷的各種方法，包括增進網站的排名、購買付費的排序來增加產品的曝光機會、網站的點閱率與進行品牌的維護。

▣ Search Engine Optimization, SEO（搜尋引擎最佳化）

也稱作搜尋引擎優化，是近年來相當熱門的網路行銷方式，就是一種讓網站在搜尋引擎中取得 SERP 排名優先方式，終極目標就是要讓網站的 SERP 排名能夠到達第一。

▣ Secure Electronic Transaction, SET（安全電子交易機制）

由信用卡國際大廠 VISA 及 MasterCard，在 1996 年共同制定並發表的安全交易協定，並陸續獲得 IBM、Microsoft、HP 及 Compaq 等軟硬體大廠的支持，加上 SET 安全機制採用非對稱鍵值加密系統的編碼方式，並採用知名的 RSA 及 DES 演算法技術，讓傳輸於網路上的資料更具有安全性。

▣ Secure Socket Layer, SSL（網路安全傳輸協定）

於 1995 年間由網景（Netscape）公司所提出，是一種 128 位元傳輸加密的安全機制，目前大部分的網頁伺服器或瀏覽器，都能夠支援 SSL 安全機制。

▣ Service Provider（服務提供者）

比傳統服務提供者更有價值、便利與低成本的網站服務，收入可包括訂閱費或手續費。例如翻開報紙的求職欄，幾乎都被五花八門的分類小廣告佔領所有廣告版面，而一般正當的公司企業，除了偶爾刊登求才廣告來塑造公司形象外，大部分都改由網路人力銀行中尋找人才。

◨ **Session**（工作階段）

工作階段（session）代表指定的一段時間範圍內在網站上發生的多項使用者互動事件；舉例來說，一個工作階段可能包含多個網頁瀏覽、滑鼠點擊事件、社群媒體連結和金流交易。當一個工作階段的結束，可能就代表另一個工作階段的開始。一位使用者可開啟多個工作階段。

◨ **Sharing Economy**（共享經濟）

這種模式正在日漸成長，共享經濟的成功取決於建立互信，以合理的價格與他人共享資源，同時讓閒置的商品和服務創造收益，讓有需要的人得以較便宜的代價借用資源。

◨ **Shopping Cart Abandonment, CTAR**（購物車放棄率）

顧客最後拋棄購物車的數量與總購物車成交數量的比例。

◨ **Six Degrees of Separation**（六度分隔理論）

哈佛大學心理學教授米爾格蘭（Stanely Milgram）所提出的「六度分隔理論」（Six Degrees of Separation, SDS）運作，是說在人際網路中，要結識任何一位陌生的朋友，中間最多只要通過六個朋友就可以。換句話說，最多只要透過六個人，你就可以連結到全世界任何一個人。例如像 Facebook 類型的 SNS 網路社群就是六度分隔理論的最好證明。

◨ **Social Media Marketing**（社群行銷）

透過各種社群媒體網站，讓企業吸引顧客注意而增加流量的方式。由於大家都喜歡在網路上分享與交流，透過朋友間的串連、分享、社團、粉絲頁和動員令的高速傳遞，創造了互動性與影響力強大的平台，進而提高企業形象與顧客滿意度，並間接達到產品行銷及消費，所以被視為是便宜又有效的行銷工具。

◨ **Social Networking Service, SNS**（社群網路服務）

Web 2.0 體系下的一個技術應用架構，隨著各類部落格及社群網站（SNS）的興起，網路傳遞的主控權已快速移轉到網友手上，從早期的 BBS、論壇，一直到近期的部落格、Plurk（噗浪）、Twitter（推特）、Pinterest、Instagram、微博、Facebook 或 YouTube 影音社群，主導了整個網路世界中人跟人的對話。

■ **Social、Location、Mobile , SoLoMo（SoLoMo 模式）**

由 KPCB 合夥人約翰‧杜爾（John Doerr） 在 2011 年提出的一個趨勢概念，強調「在地化的行動社群活動」，主要是因為行動裝置的普及和無線技術的發展，讓 Social（社交）、Local（在地）、Mobile（行動）三者合一能更為緊密結合。

■ **Social Traffic（社交媒體流量）**

社交媒體流量是指透過社群網站的管道來拜訪你的網站的流量，例如 Facebook、IG、Google+，當然社交媒體也區分為免費及付費，藉由這些管量的流量分析，可以作為投放廣告方式及預算的決策參考。

■ **Spam（垃圾郵件）**

網路上亂發的垃圾郵件之類的廣告訊息。

■ **Spark**

Apache Spark，是由加州大學柏克萊分校的 AMPLab 所開發，是目前大數據領域最受矚目的開放原始碼（BSD 授權條款）計畫，Spark 相當容易上手使用，可以快速建置演算法及大數據資料模型，目前許多企業也轉而採用 Spark 做為更進階的分析工具，也是目前相當看好的新一代大數據串流運算平台。

■ **Start Page（起始網頁）**

訪客用來搜尋您網站的網頁。

■ **Stay at Home Economic（宅經濟）**

在許多報章雜誌中都可以看見它的身影，「宅男、宅女」這名詞是從日本衍生而來，泛指許多整天呆坐在家中看 DVD、玩線上遊戲的消費族群。在一片不景氣當中，宅經濟所帶來的「宅」商機，創造了另一個經濟奇蹟，也為遊戲產業注入一股新的活水。

■ **Streaming Media（串流媒體）**

近年來熱門的一種網路多媒體傳播方式，它是將影音檔案經過壓縮處理後，再利用網路上封包技術，將資料流不斷地傳送到網路伺服器，而用戶端程式則會將這些封包一一接收與重組，即時呈現在用戶端的電腦上，讓使用者可依照頻寬大小來選擇不同影音品質的播放。

■ **Structured Data**（結構化資料）

目標明確，有一定規則可循，每筆資料都有固定的欄位與格式，偏向日常且有重覆性的工作。例如：薪資會計作業、員工出勤記錄、進出貨倉管記錄等。

■ **Structured Schema**（結構化資料）

指放在網站後台的一段 HTML 中程式碼與標記，用來簡化並分類網站內容，讓搜尋引擎可以快速理解網站。好處是可以讓搜尋結果呈現最佳的表現方式，然後依照不同類型的網站就會有許多不同資訊分類，例如在健身網頁上，結構化資料就能分類工具、體位和體脂肪、熱量、性別等內容。

■ **Supply Chain**（供應鏈）

觀念源自於物流（Logistics），目標是將上游零組件供應商、製造商、流通中心，以及下游零售商上下游供應商成為夥伴，以降低整體庫存之水準或提高顧客滿意度為宗旨。

■ **Supply Chain Management, SCM**（供應鏈管理）

理論的目標是將上游零組件供應商、製造商、流通中心，以及下游零售商上下游供應商成為夥伴，以降低整體庫存之水準或提高顧客滿意度為宗旨。如果企業能作好供應鏈的管理，可大為提高競爭優勢，而這也是企業不可避免的趨勢。

■ **Supply Side Platform, SSP**（供應方平台）

擁有流量，幫助網路媒體（賣方，如部落格、FB 等），託管其廣告位和廣告交易。出版商能夠在 SSP 上管理自己的廣告位，可以獲得最高的有效展示費用。

■ **SWOT Analysis**（SWOT 分析）

由世界知名的麥肯錫諮詢公司所提出，又稱為態勢分析法，是一種很普遍的策略性規劃分析工具。當使用 SWOT 分析架構時，可以從企業內部的優勢（Strengths）與劣勢（Weaknesses）與面對競爭對手時可能存在的機會（Opportunities）與威脅（Threats）來進行分析，然後從這四個構面深入解析產業與策略的競爭力。

◘ **Target Audience, TA**（目標受眾）

又稱為目標顧客，是一群有潛在可能會喜歡你品牌、產品或相關服務的消費者，也就是一群「對的消費者」。

◘ **Targeting**（市場目標）

指完成市場區隔後，就可以依照區隔來進行目標的選擇。把目標市場當成最主要的戰場，將目標族群進行更深入的描述，從中選擇適合的區隔做為目標對象。

◘ **Target Keyword**（目標關鍵字）

網站的主打關鍵字，也就是會為網站帶來大多數的流量，並且在搜尋引擎中獲得排名的關鍵字。

◘ **The Long Tail**（長尾效應）

克里斯‧安德森（Chris Anderson）於 2004 年首先提出長尾效應（The Long Tail）的現象，也顛覆了傳統以暢銷品為主流的觀念，過去一向不被重視，在統計圖上像尾巴一樣的小眾商品，因為全球化市場的來臨，即眾多小市場匯聚成可與主流大市場相匹敵的市場能量，可能就會成為具備意想不到的大商機，足可與最暢銷的熱賣品匹敵。

◘ **The Sharing Economy**（共享經濟）

這樣的經濟體系是讓個人都有額外創造收入的可能，就是透過網路平台所有的產品、服務都能被大眾使用、分享與出租的概念，例如類似計程車「共乘服務」（Ride-sharing Service）的 Uber。

◘ **The Two Tap Rule**（兩次點擊原則）

一旦你打開你的 APP，如果要點擊兩次以上才能完成使用程序，就應該馬上重新設計。

◘ **Third-Party Payment**（第三方支付）

在交易過程中，除了買賣雙方外由具有實力及公信力的「第三方」設立公開平台，作為銀行、商家及消費者之間代收、代付金流的服務管道，即可稱為第三方支付。

■ **Traffic**（流量）

指該網站的瀏覽頁次（Page view）的總合名稱，數字愈高表示你的內容被點擊的次數越高。

■ **Trueview**（真實觀看）

通常廣告出現 5 秒後便可以跳過，但觀眾一定要看滿 30 秒才有算有效廣告，這種廣告被稱為「Trueview」（真實觀看），YouTube 會向廣告主收費後，才會分潤給 YouTuber。

■ **Trusted Service Manager, TSM**（信任服務管理平台）

銀行與商家之間的公正第三方安全管理系統，也是一個專門提供 NFC 應用程式下載的共享平台，主要負責中間的資料交換與整合，在台灣建立 TSM 平台的業者共有四家，商家可向 TSM 請款，銀行則付款給 TSM。

■ **Ubiquinomics**（隨經濟）

盧希鵬教授所創造的名詞，指因為行動科技的發展，讓消費時間不再受到實體通路營業時間的限制，行動通路成了消費者在哪裡，通路即在哪裡，消費者隨時隨處都可以購物。

■ **Ubiquity**（隨處性）

能夠清楚連結任何地域位置，除了隨處可見的行銷訊息，還能協助客戶隨處了解商品及服務，滿足使用者對即時資訊與通訊的需求。

■ **Unstructured Data**（非結構化資料）

指目標不明確，不能數量化或定型化的非固定性工作、讓人無從打理起的資料格式。例如社交網路的互動資料、網際網路上的文件、影音圖片、網路搜尋索引、Cookie 紀錄、醫學記錄等資料。

■ **Upselling**（向上銷售、追加銷售）

當顧客有購買意願時，鼓勵顧客購買更高單價或其他顧客意想不到的產品。此舉能夠銷售出更高價或利潤率更高的產品，以獲取更多的利潤。

■ **Unique Page view**（不重複瀏覽量）

指同一位使用者在同一個工作階段中產生的網頁瀏覽，也代表該網頁獲得至少一次瀏覽的工作階段數（或稱拜訪次數）。

■ **Unique User, UV（不重複訪客）**

在特定的時間內時間之內所獲得的不重複（只計算一次） 訪客數目，如果來造訪網站的一台電腦用戶端視為一個不重複訪客，所有不重複訪客的總數。

■ **Uniform Resource Locator, URL（全球資源定址器）**

主要是在 WWW 上指出存取方式與所需資源的所在位置來享用網路上各項服務，也可以看成是網址。

■ **User（使用者）**

在 GA 中，使用者指標是用識別使用者的方式（或稱不重複訪客），所謂使用者通常指同一個人，「使用者」指標會顯示與所追蹤的網站互動的使用者人數。例如：如果使用者 A 使用「同一部電腦的相同瀏覽器」在一個禮拜內拜訪了網站 5 次，並造成了 12 次工作階段，這種情況就會被 Google Analytics 記錄為 1 位使用者、12 次工作階段。

■ **User Generated Content, UGC（使用者創作內容）**

由使用者來創作內容的一種行銷方式，這種聚集網友創作來內容，也算是近年來蔚為風潮的內容行銷手法的一種。

■ **User Interface, UI（使用者介面）**

是一種虛擬與現實互換資訊的橋樑，以浩瀚的網際網路資訊來説，UI 是人們真正會使用的部分，它算是一個工具，用來和電腦做溝通，以便讓瀏覽者輕鬆取得網頁上的內容。

■ **User Experience, UX（使用者體驗）**

著重在「產品給人的整體觀感與印象」，這印象包括從行銷規劃開始到使用時的情況，也包含程式效能與介面色彩規劃等印象。所以設計師在規劃設計時，不單只是考慮視覺上的美觀清爽而已，還要考慮使用者使用時的所有細節與感受。

■ **UTM, Urchin Tracking Module**

UTM 是發明追蹤網址成效表現的公司縮寫，作法是將原本的網址後面連接一段參數，只要點擊到帶有這段參數的連結，Google Analytics 都會記錄其來源與在網站中的行為。

■ **Video On Demand, VoD（隨選視訊）**

是一種嶄新的視訊服務，使用者可不受時間、空間的限制，透過網路隨選並即時播放影音檔案，並且可以依照個人喜好「隨選隨看」，不受播放權限、時間的約束。

■ **Viral Marketing（病毒式行銷）**

身處在數位世界，每個人都是一個媒體中心，可以快速的自製並上傳影片、圖文，行銷如病毒般擴散，並且一傳十，十傳百地快速轉寄這些精心設計的商業訊息，病毒行銷要成功，關鍵是內容必須在「吵雜紛擾」的網路世界脫穎而出，才能成功引爆話題。

■ **Virtual Hosting（虛擬主機）**

網路業者將一台伺服器分割模擬成為很多台的「虛擬」主機，讓很多個客戶共同分享使用，平均分攤成本，也就是請網路業者代管網站的意思，對使用者來說，就可以省去架設及管理主機的麻煩。

■ **Virtual Reality Modeling Language, VRML（虛擬實境技術）**

一種程式語法，主要是利用電腦模擬產生一個三度空間的虛擬世界，提供使用者關於視覺、聽覺、觸覺等感官的模擬，利用此種語法可以在網頁上建造出一個 3D 的立體模型與立體空間。VRML 最大特色在於其互動性與即時反應，可讓設計者或參觀者在電腦中就可以獲得相同的感受，如同身處在真實世界一般，並且可以與場景產生互動，360 度全方位地觀看設計成品。

■ **Visibility（廣告能見度）**

指廣告有沒有被網友給看到，也就是確保廣告曝光的有效性，例如以 IAB/MRC 所制定的基準，是指影音廣告有 50% 在持續播放過程中至少可被看見兩秒。

■ **Voice Assistant（語音助理）**

依據使用者輸入的語音內容、位置感測而完成相對應的任務或提供相關服務，讓你完全不用動手，輕鬆透過說話來命令機器打電話、聽音樂、傳簡訊、開啟App、設定鬧鐘等功能。

■ **Virtual YouTube, Vtuber（虛擬頻道主）**

他們不是真人，而是以虛擬人物（如動畫、卡通人物）來進行 YouTube 平台相關的影音創作與表現。

■ **Web Analytics（網站分析）**

透過網站資料的分析，來研究訪客的行為，接著彙整成有用的圖表資訊，運用裡頭所得到的資訊與關鍵績效指標來加以判斷該網站的經營情況，以作為網站修正、行銷活動或決策改進的依據。

■ **Webinar**

指透過網路舉行的專題討論或演講，稱為「網路線上研討會」（Web Seminar 或 Online Seminar），目前多半可以透過社群平台的直播功能，提供演講者與參與者更多互動的新式研討會。

■ **Website（網站）**

用來放置網頁（Page）及相關資料的地方。當我們使用工具設計網頁之前，必須先在自己的電腦上建立一個資料夾，用來儲存所設計的網頁檔案，而這個檔案資料夾就稱為「網站資料夾」。

■ **White hat SEO（白帽 SEO）**

所謂白帽 SEO（White hat SEO）是腳踏實地來經營 SEO，也就是以正當方式優化 SEO，核心精神是只要對用戶有實質幫助的內容，排名往前的機會就能提高，例如：加速網站開啟速度、選擇適合的關鍵字、優化使用者體驗、定期更新貼文、行動網站優先、使用較短的 URL 連結等。

■ **Widget Ad**

是一種桌面的小工具，可以在電腦或手機桌面上獨立執行，讓店家花極少的成本，就可以迅速匯集超人氣。由於手機具有個人化的優勢，算是目前市場滲透率相當高的行銷裝置。